高等学校电气信息类专业实验系列教材

U0389919

电子技术实验

（数字部分）

吴亚琼　主编　韩雪岩　曹　晰　副主编

化学工业出版社

·北京·

本书是针对高等学校本科电气信息类学生的数字电子技术实验的需求而编写的。实验内容是配合数字电子技术、数字电路与逻辑设计相关理论课程设置的。包括：认识实验——实验平台和逻辑门、组合电路一——组合电路设计和数据选择器、组合电路二——编码器和译码器、EDA 设计入门一——Multisim 和 FPGA、时序电路一——寄存器、时序电路二——计数器、小型电路系统——555 定时器、EDA 设计入门二——Vivado 和 FPGA。附录包括："雨课堂＋雷实验"智慧平台使用方法简介、Multisim 使用简介、Vivado 使用简介、RIGOL DG4000 系列信号发生器的使用简介、RIGOL DS2000A 系列示波器的使用简介、常用集成芯片管脚图与功能表简介等。

本书可作为高等学校电气信息类专业数字电路实验课程教材，也可供相关科研人员参考。

图书在版编目（CIP）数据

电子技术实验：数字部分/吴亚琼主编.—北京：化学工业出版社，2019.9（2021.1 重印）

高等学校电气信息类专业实验系列教材

ISBN 978-7-122-34774-9

Ⅰ. ①电… Ⅱ. ①吴… Ⅲ. ①电子技术-实验-高等学校-教材 Ⅳ. ①TN-33

中国版本图书馆 CIP 数据核字（2019）第 133643 号

责任编辑：郝英华　　　　　　　　　　装帧设计：张　辉
责任校对：宋　夏

出版发行：化学工业出版社（北京市东城区青年湖南街 13 号　邮政编码 100011）
印　　装：涿州市般润文化传播有限公司
710mm×1000mm　1/16　印张 9¾　字数 168 千字　2021 年 1 月北京第 1 版第 2 次印刷

购书咨询：010-64518888　　售后服务：010-64518899
网　　址：http://www.cip.com.cn
凡购买本书，如有缺损质量问题，本社销售中心负责调换。

定　　价：32.00 元　　　　　　　　　　　　　版权所有　违者必究

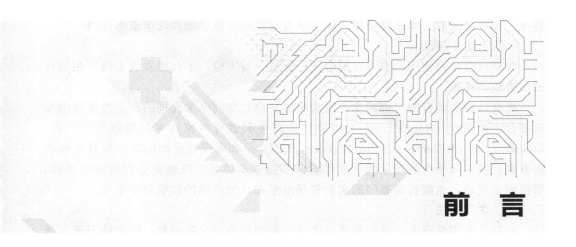

前 言

为了满足现代科技和世界经济的高速发展对人才培养的需求，教育部推出了"新工科"计划，对本科生的工程实践创新能力培养提出了更高要求。在此背景下，北京化工大学电工电子实验中心引入了配套口袋实验室的"雨课堂＋雷实验"智慧实验教学平台，对电子技术实验课程进行了全面改革，推出了这套新教材。

本套教材共包含三个分册：《电子技术实验（数字部分）》《电子技术实验（模拟部分）》和《电子技术实验（课程设计）》。本书是《电子技术实验（数字部分）》分册。

一、本书特点

1.学时增加

数字电子技术实验为独立设课的必修课。为了增加学生接触仪器和动手操作的时间，北京化工大学的数字电子技术实验由原来的 18 学时增加为 32 学时，每次实验由 2 学时增加为 4 学时。本教材主要是针对 32 学时的数字电子技术实验课程。各个学校也可以根据自身特点合理选择书中实验。

2.内容增加

教材保留了典型的传统实验，同时增加了贴近工程实践的新实验：包括常规实验（例如：分时显示电路、高低音报警电路等）、Multisim 仿真实验（包括数据选择器的实现、逻辑函数的化简与变换等）和 FPGA 开发实验（使用 Vivado 和 Basys3 开发板，完成数字钟和 IP 封装等）。实验项目尽量兼顾知识性、趣味性、工程性和学生的接受水平。

3.分层教学

教材包括验证实验、常规设计实验和选做实验。验证实验和常规设计实验要求所有同学都能完成；鼓励动手能力较强的同学完成选做实验。

4.加强过程考核

教材涵盖每个实验的完整验证或设计过程，并配套有实验完成情况表格和教师签章。课程结束后，本教材可作为学生学习过程的完整记录和成绩依据存档。

5.线上线下相结合

教材可以单独使用，也可以配合"雨课堂＋雷实验"平台建立线上线下相结合的实验教学体系。

配套口袋实验室的"雨课堂＋雷实验"平台是当前非常先进的一套电子技术实验平台。雨课堂（Rain Class）是得到广大师生和教育专家认可的智慧教学工具，雷实验（Lab of Electronics Intelligence，LEI）是和雨课堂配套的首个智慧实验解决方案。基于该平台的线上线下相结合的实验教学体系，既能充分利用网络资源，增强师生互动，也能提高教师的实验管理水平和高校之间的数据分享水平。

二、学习方法

在前几次实验课上，首先要通过完成一系列简单的实验内容，反复练习直至熟练掌握平台和基础仪器的使用方法，并在此过程中，培养学生按图搭建电路的能力和独立排查故障的能力。在后续的课程中，除了进一步增强上述能力，还要学习完成实验中的设计环节，锻炼独立设计数字电路的能力。学有余力的同学可以提出自己的设想并设计完成，以培养自己的创新意识。

为了取得更好的课堂效果，要求同学们课前适当预习每次实验的内容，掌握每个实验的相关理论知识，对实验中应该出现的现象做到心中有数。

参加本书编写工作的教师有吴迪（实验一，附录一）、吴亚琼（实验二、三）、曹晰（实验四、八，附录二、三）、韩雪岩（实验五～七，附录四、五）、袁洪芳（附录六）。全书由吴亚琼统稿。在编写过程中，袁洪芳、杜彬、张静、王琪等老师给予了大力支持，在此一并表示感谢。

由于作者水平有限，书中难免存在不足之处，敬请读者批评指正。

编者

2019 年 8 月

目 录

实验三 组合电路二——编码器和译码器

实验四 EDA 设计入门一——Multisim 和 FPGA

实验五 时序电路一——寄存器

实验六　时序电路二——计数器

实验七　小型电路系统——555 定时器

实验四 EDA设计入门——Multisim和FPGA

一、实验目标（Objectives）

（1）掌握 EDA 设计基本原理与方法。

（2）学习 NI Multisim 仿真软件的基础使用方法。

（3）学习 Xilinx Basys3 FPGA 开发板的基础使用方法。

（4）使用 Multisim 和 Basys3 联合设计完成组合逻辑电路。

二、仪器及元器件（Equipment and Component）

Basys3 开发板、计算机。

三、实验知识的准备（Elementary Knowledge）

EDA 是电子设计自动化（Electronics Design Automation）的缩写，以计算机为工具，设计者在 EDA 软件平台上，用硬件描述语言 VerilogHDL 或 VHDL 完成设计文件，然后由计算机自动地完成逻辑编译、化简、分割、综合、优化、布局、布线和仿真，直至对特定目标芯片的适配编译、逻辑映射和编程下载等工作。EDA 技术的出现，极大地提高了电路设计的效率和可操作性，减轻了设计者的劳动强度。

Multisim 是 NI 公司推出的以 Windows 为基础的 SPICE 仿真工具，适用于板级的模拟/数字电路板的设计工作。它包含了电路原理图的图形输入方式和电路硬件描述语言输入方式，具有强大的仿真分析能力。

FPGA（Field－Programmable Gate Array），即现场可编程门阵列，是在 PAL、GAL、CPLD 等可编程器件的基础上进一步发展而来的。它是作为专用集成电路（ASIC）领域中的一种半定制电路而出现的，既解决了定制电路的不足，又克服了原有可编程器件门电路数量有限的缺点。以硬件描述语言（VerilogHDL 或 VHDL）所完成的电路设计，可以经过简单的综合与布局，快速地烧录至 FPGA 上进行测试，是现代 IC 设计验证的技术主流。Basys3 是一款由 Digilent 推出的 Xilinx Vivado 工具链支持的入门级 FPGA 开发板，带有 Xilinx Artix-7 FPGA 芯片架构，拥有即用型的硬件，丰富的板载 I/O 口，所有必要的 FPGA 支持电路。

四、实验内容及过程（Content and Procedures）

【实验 4-1】创建 PLD 设计并进行验证

相关步骤参考附录二：Multisim 使用简介。

1. 实验目的

（1）熟悉 Multisim 开发环境与基本操作。

（2）掌握利用 Multisim 直接在 FPGA 内开发数字电路的方法。

2. 实验内容

（1）打开 Multisim 创建 PLD 文件。创建文件时，板卡选择 Digilent Basys3。设计输入输出管脚采用的测试程序为：由两个开关作为输入，进行"与"计算，使用一个 LED 作为输出显示。

（2）绘制原理图。

（3）将设计导出到 FPGA 中。导出方式选择直接导出方式，下载工具选择 Xilinx Vivado。

（4）下载完成后，在 Basys3 板卡上进行实验。只有 SW0 与 SW1 均置 1 时，LED0 才会点亮。

3. 思考题：请设计实现三变量的"异或"逻辑，并下载验证。

【实验 4-2】组合逻辑之数字逻辑化简

相关步骤参考附录二：Multisim 使用简介。

1. 实验目的

（1）掌握利用 Multisim 对模数混合电路进行仿真验证。

（2）掌握利用 Multisim 对数字电路进行优化。

（3）掌握利用 Multisim 在 FPGA 内开发模数混合电路的方法。

2. 实验内容

（1）仿真。

① 使用 Multisim 新建如图 4-1 所示的原理图并仿真，在仿真过程中可以实时切换开关的状态观察 LED 灯的输出。

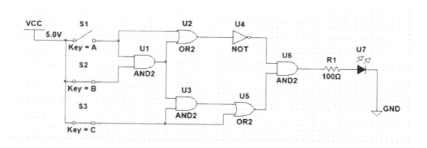

图 4-1　Multisim 原理图

② 使用 Logic converter 生成真值表并化简逻辑电路。

（2）导出到硬件。

① 新建 PLD 文件，绘制如图 4-2 所示的原理图，用来验证简化后的逻辑关系是否与未简化时一致，采用 SW 作为信号输入，LED 作为输出。

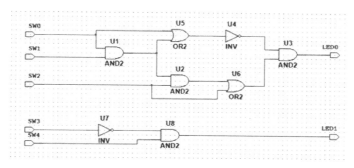

图 4-2　PLD 原理图

② 导出到 Basys3 板卡验证效果，只有 A 为低电平，C 为高电平时，LED 灯被点亮。

3. 思考题

请验证 Multisim 函数化简的正确性。

【实验 4-3】组合逻辑之数值比较器

相关步骤参考附录二：Multisim 使用简介。

1. 实验目的

（1）掌握在 Multisim 中生成电路工程的方法。

（2）掌握利用 Multisim 在 FPGA 内开发电路工程的方法。

2. 实验内容

（1）设计四位比较器电路。

（2）打开 Multisim 创建 PLD 文件，添加 SW0～SW7 与 LED0，其中 SW0～

SW3 代表 A0～A3，SW4～SW7 代表 B0～B3，LED0 代表比较器输出。

（3）将设计下载到 Basys3 板卡中。将 SW3 与 SW7 置高，其他开关置低，可以观察到 LED0 被点亮。

五、注意事项（Matters Needing Attention）

（1）本实验中所涉及的操作方法与流程依赖实验环境，只有在正确的实验环境下方可复现。

（2）请严格按照实验指导书附录 2 内容步骤操作。

六、实验完成情况

实验项目	实验 4-1	实验 4-2	实验 4-3	备注
教师签章				

七、实验总结（About Report）

简单总结本次实验课程，200～300 字。

可以从学到的理论或技能、遇到的问题或故障、解决的办法以及经验总结等一方面到多方面来完成该总结。

_____

_____

_____

_____

_____

_____

_____

教师签章：

实验五　时序电路———寄存器

一、实验目标（Objectives）

（1）掌握普通的并行输入、并行输出寄存器和多功能双向移位寄存器的工作原理及使用方法。

（2）进一步学习口袋实验室数字电路模块的使用。

（3）学习虚拟信号发生器、虚拟示波器及虚拟逻辑分析仪的使用。

（4）学习利用寄存器和双向移位寄存器配合其他组合电路实现各种应用时序电路。

二、仪器及元器件（Equipment and Component）

A+D Lab 主板、面包板、数字电路实验模块；

数字万用表、数字示波器、信号发生器；

USB 连接线、电源线 7 根、两种杜邦线；

芯片 74××175、74××194、74××138、74××20、74××00、74××283。

三、实验知识的准备（Elementary Knowledge）

寄存器是数字系统中用来存储二进制数据的逻辑部件，它的基本单元是触发器，n 位寄存器需要用 n 个触发器组成。

寄存器可以分为普通的并行输入、并行输出寄存器和移位寄存器。

普通的并行输入、并行输出寄存器寄存数据需在 CP 信号配合下完成。在每个 CP 信号的有效沿，把各个触发器的输入信号，寄存到各个触发器的输出 Q 端。

74××194 是多功能双向移位寄存器，输入端 S1、S0 的四种组合使其工作在四种不同的工作模式：在 CP 端接收的有效沿上升沿配合下，寄存器分别完成不变、右移移位、左移移位、并行置数功能。

多功能双向移位寄存器应用非常广泛，与其他芯片配合可以构成并行数据和串行数据转换电路、序列码发生器、运算电路等。

四、实验内容及过程（Content and Procedures）

【实验 5-1】由 4D 触发器 74××175 构成智力竞赛抢答器

1. 实验内容

74××175 是由 4 个 D 触发器构成的并行输入、并行输出寄存器。实现当有选手抢答时，通过逻辑门封死数字脉冲信号，使 74××175 的 CP 端不再获取数字脉冲信号，寄存器输出不再改变，后面抢答无效。

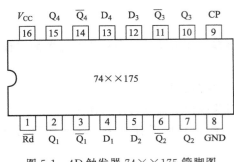

图 5-1　4D 触发器 74××175 管脚图

2. 实验目的

（1）体会由 4D 触发器 74××175 构成的并行输入、并行输出寄存器寄存数据的条件，尤其 CP 脉冲信号的作用；

（2）熟悉智力抢答器的基本构成原理。

3. 芯片管脚图及功能表

4D 触发器 74××175 的管脚图如图 5-1 所示，功能表见表 5-1。

表 5-1　4D 触发器 74××175 功能表

输入						输出			
$\overline{Rd}$	CP	D_1	D_2	D_3	D_4	Q_1	Q_2	Q_3	Q_4
L	×	×	×	×	×	L	L	L	L
H	↑	D_1	D_2	D_3	D_4	D_1	D_2	D_3	D_4
H	H	×	×	×	×	保持			
H	L	×	×	×	×	保持			

4. 实验电路图及实验过程

电路原理图如图 5-2 所示。

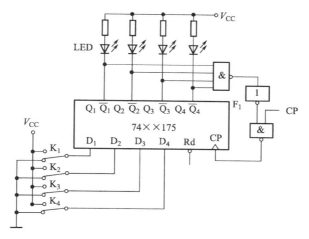

图 5-2　抢答器电路原理图

电路接线图如图 5-3 所示。

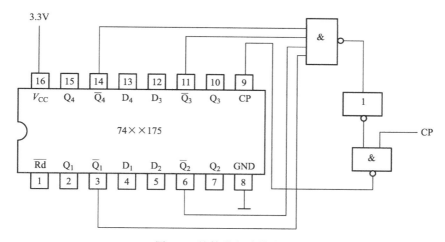

图 5-3　抢答器电路接线图

说明如下。

（1）所有芯片接好自己的 3.3V 电源和地。

（2）$\overline{Rd}$ 接逻辑开关 S01。

（3）D_1、D_2、D_3、D_4 分别接逻辑开关 S05～S02。

（4）$\overline{Q_1}$、$\overline{Q_2}$、$\overline{Q_3}$、$\overline{Q_4}$ 分别接发光二极管 DS01～DS04。

（5）电路所需的时钟脉冲信号 CP 来自于信号发生器数字脉冲信号，信号频率 1kHz。

（6）抢答开始前，D_1、D_2、D_3、D_4（逻辑开关 S05～S02）均置"0"，准备抢答，将开关 $\overline{Rd}$ 置"0"（逻辑开关 S01），发光二极管全熄灭，再将 $\overline{Rd}$ 置"1"。

（7）抢答开始，D_1、D_2、D_3、D_4 某一开关置"1"，观察发光二极管的亮、灭情况，然后再将其他三个开关中任意一个置"1"，观察发光二极的亮、灭有否改变。

【实验 5-2】循环移位寄存器

1. 实验内容

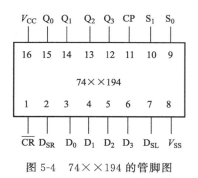

图 5-4　74××194 的管脚图

由 74××194 构成右移循环移位寄存器，用 LED 灯、逻辑分析仪分别观察输出状态的变化。

2. 实验目的

（1）学习 74××194 构成循环移位模式。

（2）学习虚拟信号发生器的使用。

（3）学习虚拟逻辑分析仪的使用。

3. 芯片管脚图及功能表

74××194 管脚图如图 5-4 所示。

74××194 功能表如表 5-2 所示。

表 5-2　74××194 的功能表

输入										输出				行
清零	控制信号		串行输入		时钟	并行输入								
$\overline{CR}$	S_1	S_0	右移 D_{SR}	左移 D_{SL}	CP	D_0	D_1	D_2	D_3	Q_0^{n+1}	Q_1^{n+1}	Q_2^{n+1}	Q_3^{n+1}	
L	×	×	×	×	×	×	×	×	×	L	L	L	L	1
H	L	L	×	×	×	×	×	×	×	Q_0^n	Q_1^n	Q_2^n	Q_3^n	2
H	L	H	L	×	↑	×	×	×	×	L	Q_0^n	Q_1^n	Q_2^n	3
H	L	H	H	×	↑	×	×	×	×	H	Q_0^n	Q_1^n	Q_2^n	4
H	H	L	×	L	↑	×	×	×	×	Q_1^n	Q_2^n	Q_3^n	L	5
H	H	L	×	H	↑	×	×	×	×	Q_1^n	Q_2^n	Q_3^n	H	6
H	H	H	×	×	↑	D_0^*	D_1^*	D_2^*	D_3^*	D_0	D_1	D_2	D_3	7

4. 实验电路图及实验过程

按图 5-5 接成四位右移循环移位寄存器。

说明如下。

（1）74××194 接好自己的 3.3V 电源和地。

（2）$\overline{CR}$、S_1、S_0、$D_0 \sim D_3$ 接逻辑开关（建议分别接 S01、S03、S02、S07～S04）。

（3）$Q_0 \sim Q_3$ 接发光二极管 DS01～DS04。

（4）CP 加入 0.5Hz 数字脉冲信号，用并行置数法，预置寄存器的输出 $Q_0 \sim$

Q_3 为二进制数码 0100。然后，使寄存器工作于右移循环移位模式，观察输出端 $Q_0 \sim Q_3$ 状态的变化（观察二极管灯 DS01～DS04）。

如果用虚拟信号发生器产生此数字脉冲信号，虚拟信号发生器应做如下调节：

波形，square；

频率，0.5Hz；

单幅值，1.7V；

直流偏置，1.7V。

（5）CP 加 1kHz 数字脉冲信号，寄存器重新置数、右移，用逻辑分析仪观察并对应记录 CP 和 $Q_3 \sim Q_0$ 的波形。虚拟信号发生器产生数字脉冲信号调节方法与（4）类似。

（6）将逻辑分析仪显示的波形上传。

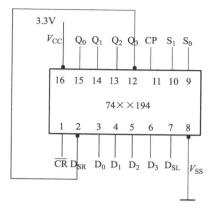

图 5-5 四位右移循环移位
寄存器接线图

【实验 5-3】 序列码产生电路

1. 实验内容

由 $74 \times \times 194$ 和逻辑门构成工作于循环状态的时序逻辑电路，使与 $74 \times \times 194$ 输出相连的 $74 \times \times 138$ 也工作于循环状态，输出端通过逻辑门输出序列码。

2. 实验目的

（1）掌握双向移位寄存器 $74 \times \times 194$ 的四种工作模式。

（2）掌握 $74 \times \times 194$ 输入信号 S_1、S_0、D_{SR} 等与工作脉冲 CP 的时序关系。

（3）进一步学习时序电路循环状态表的画法。

（4）进一步学习虚拟信号发生器及虚拟示波器的使用。

3. 实验电路图及实验过程

电路原理图如图 5-6 所示。

电路接线图如图 5-7 所示。

说明如下。

（1）所有芯片接好自己的 3.3V 电源和地。

（2）将 $74 \times \times 194$ 的 $D_0 \sim D_3$ 接逻辑开关 S08 ～ S05，$D_0 \sim D_3$ 置为 0111；CR 接 S01。

（3）将 $74 \times \times 194$ 的 $Q_0 \sim Q_3$ 接发光二极管 DS01～DS04，S_1、D_{SR}、Z 顺序接发

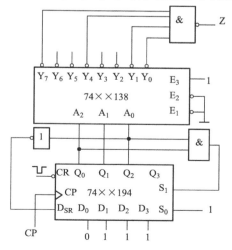

图 5-6 序列码产生电路原理图

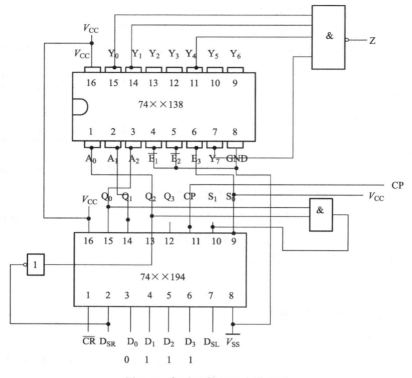

图 5-7　序列码产生电路接线图

光二极管。

（4）74××194 的 CP 端输入频率为 0.1Hz 的数字脉冲信号。若用虚拟信号发生器产生此数字脉冲信号，波形选 square，频率为 0.1Hz，单幅值为 1.7V，直流偏置为 1.7V。

（5）74××194 的清零端 $\overline{CR}$ 先通过逻辑开关置 0，再回到 1，随着 CP 的脉冲节拍填 74××194 的循环状态表（表 5-3），由此表得出的电路 Z 端产生的循环序列码是_____。

表 5-3　序列码发生器循环状态表

CP	Q_0	Q_1	Q_2	Q_3	S_1	S_0	D_{SR}	Z
0	0	0	0	0		1		
1						1		
2						1		
3						1		
4						1		
5						1		
6						1		
7						1		

（6）74××194 的 CP 端输入频率 1kHz 的数字脉冲信号（虚拟信号发生器波形为 square，单幅值为 1.7V，直流偏置为 1.7V），用虚拟示波器的两个通道同时观察输入 CP 端及输出 Z 端的波形，并在图 5-8 中对应画出 CP 及 Z 的波形，最后将虚拟示波器上同时显示的两个波形上传。

图 5-8　CP 及 Z 的对应波形

【实验 5-4】加分题：二进制数运算电路

1. 实验内容

分别用双向移位寄存器的左移及右移实现二进制数乘以 2 及除以 2 功能，再利用四位二进制加法器 74××283，实现两个四位二进制数的运算功能。

2. 实验目的

（1）掌握双向移位寄存器 74××194 左移及右移实现的二进制数的运算功能。

（2）掌握四位二进制加法器 74××283 的应用。

3. 芯片管脚图及功能表

四位二进制加法器 74××283 的管脚图如图 5-9 所示，功能表如表 5-4 所示。

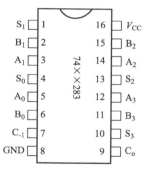

图 5-9　74××283 管脚图

表 5-4　74××283 功能表

C_{n-1}	A_n	B_n	S_n	C_n
L	L	L	L	L
L	L	H	H	L
L	H	L	H	L
L	H	H	L	H
H	L	L	H	L

续表

C_{n-1}	A_n	B_n	S_n	C_n
H	L	H	L	H
H	H	L	L	H
H	H	H	H	H

4. 实验电路图及实验过程

电路接线图如图 5-10 所示。

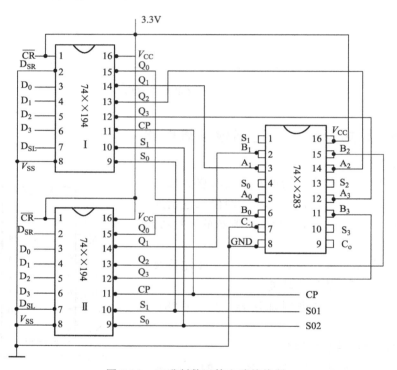

图 5-10　二进制数运算电路接线图

说明如下。

（1）所有芯片接好自己的 3.3V 电源和地。

（2）两片 74××194 的异步清零端 $\overline{CR}$ 均接 +3.3V。

（3）两片 74××194 的 CP 端连在一起，共同接数字脉冲信号——虚拟信号发生器，频率 0.1Hz，单幅值为 1.7V，直流偏置 1.7V。

（4）Ⅰ片 74××194 的 S_1 与Ⅱ片 74××194 的 S_0 相连，共同接逻辑开关 S02，Ⅰ片 74××194 的 S_0 与Ⅱ片 74××194 的 S_1 相连，共同接逻辑开关 S01。

（5）Ⅰ片 74××194 的 $D_{SR}=0$，Ⅱ片 74××194 的 $D_{SL}=0$。

（6）Ⅰ片 74××194 的 $D_3 \sim D_0$ 置为 0011，Ⅱ片 74××194 的 $D_3 \sim D_0$ 置为 1000。

（7）将四位二进制加法器 74××283 的 C_o、S_3、S_2、S_1、S_0 接发光二极管的 S01～S05。

（8）通过分析以上电路功能及观察实验现象，填表 5-5（运算电路工作状态表）。

表 5-5 运算电路工作状态表

74××194-Ⅰ		CP	理论推导 74××194-Ⅰ				理论推导 74××194-Ⅱ				实验观察 74××283				
S_1	S_0		Q_3	Q_2	Q_1	Q_0	Q_3	Q_2	Q_1	Q_0	C_o	S_3	S_2	S_1	S_0
1	1	⌐	0	0	1	1	1	0	0	0					
0	1	⌐													
0	1	⌐													

【实验 5-5】加分题：自主设计电路

1. 实验内容

用两片 74××194 构成可控序列码发生器，可以输出序列码 "01101000" 或 "00010110"。

2. 实验目的

（1）学习双向移位寄存器 74××194 的位数扩展，构成 8 位循环右移移位寄存器或 8 位循环左移移位寄存器。

（2）进一步熟悉虚拟示波器的使用方法。

3. 在图 5-11 中补充完成此电路接线图

4. 用示波器显示输出的序列码，并完成两个输出序列码的切换

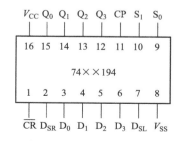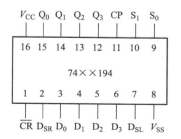

图 5-11 设计的可控序列码发生器接线图

五、注意事项 （Matters Needing Attention）

（1）每次实验前，注意观察面包板是否可以正常使用，芯片的安插方向是否正确，芯片管脚与面包板插口是否接触良好。

（2）如果出现实验做不出来的情况，注意以下几点：

① 用万用表检查每块芯片上，与电源、与地相连接的管脚，看看这些管脚是否真正与电源、与地联通；

② 切断电源，用万用表蜂鸣挡检查杜邦线的通断，以免表面上看电路是接通的，而实际上是断的；

③ 如果能力许可，先尝试根据电路表现出来的现象推断问题可能出现的地方，有针对性地去检查；

④ 如果对实验原理比较熟悉，可以按照信号从输入到输出的方向，判断出每个管脚应当具有什么样的电压或波形（即理论值），然后用仪器依次测量这些管脚，观察实际值与理论值是否符合，如果不符合，尝试思考原因并解决故障。

六、实验完成情况

实验项目	实验 5-1	实验 5-2	实验 5-3	实验 5-4	实验 5-5	备注
教师签章						

七、实验总结 （About Report）

简单总结本次实验课程，200～300 字。

可以从学到的理论或技能、遇到的问题或故障、解决的办法以及经验总结等一方面到多方面来完成该总结。

_____

_____

_____

_____

_____

_____

教师签章：

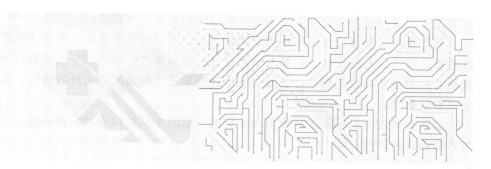

实验六 时序电路二——计数器

一、实验目标（Objectives）

（1）初步尝试根据自己的需要选择实际仪器或虚拟仪器进行实验。

（2）学习利用集成 D 触发器构成扭环形计数器。

（3）学习中规模集成电路（二-五-十进制计数器和 4 位二进制计数器）的使用方法。

（4）学习用中规模集成计数器，利用反馈清零法、反馈置数法实现任意进制计数器。

（5）学习利用集成 D 触发器和集成 JK 触发器实现任意进制计数器。

二、仪器及元器件（Equipment and Component）

A＋D Lab 主板、面包板、数字电路实验模块；

数字万用表、数字示波器、信号发生器；

USB 连接线、电源线 2 根、两种杜邦线；

2 片 74××00、74××20、74××175、2 片 74××90、2 片 74××161、2 片 CD4511、2 片七段数码管、2 片 74××112。

三、实验知识的准备（Elementary Knowledge）

计数器是用来记忆输入脉冲的个数的器件。

计数器按照工作方式可以分为同步计数器和异步计数器，按照进位体制可以分为二进制计数器和非二进制计数器。

我们可以用触发器和门电路设计任意进制同步计数器，遵循同步时序电路的设计方法（同步时序电路设计方法步骤大家做实验前要认真复习）。

我们也可以利用反馈清零法或反馈置数法，用中规模集成计数器设计任意进制计数器。反馈法是将计数器的某个状态经过逻辑运算产生清零信号或置数信号，反馈给芯片的清零端或置数端，进而改变中规模集成计数器原有的计数进程，实现任意进制计数器。

如果要实现的目标计数器模值大于我们已有的中规模集成计数器模值，还需要将计数器进行级连。

计数器应用非常广泛，还可用作定时器、分频器、节拍脉冲发生器、序列码发生器等。

四、实验内容及过程（Content and Procedures）

【实验 6-1】由 4D 触发器 74××175 构成扭环形计数器

1. 实验内容

74××175 由 4 个 D 触发器构成，且 4 个触发器的 CP 端及 $\overline{\text{Rd}}$ 端分别连接在一起。用 1 片 74××175 芯片，实现八状态循环的扭环形计数器。并利用 74××00 芯片，实现译码，用数字电路模块上发光二极管 DS01-DS08 循环亮灯来表示八进制计数器状态的转换。

2. 实验目的

（1）学习扭环形计数器的基本结构、工作原理。

（2）体会扭环形计数器简单的译码电路。

3. 实验电路图及实验过程

电路原理图如图 6-1 所示。

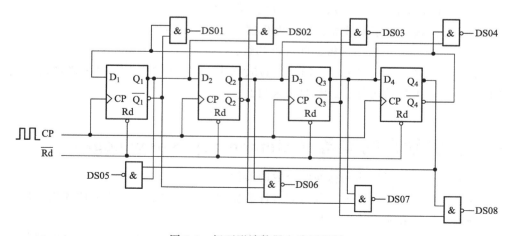

图 6-1　扭环形计数器电路原理图

说明如下。

（1）所有芯片接好自己的 3.3V 电源和地。

（2）74××175 的 $\overline{\text{Rd}}$ 端接逻辑开关 S01。

（3）按图 6-1 所示，各二输入与非门输出端依次接发光二极管 DS01～DS08。

（4）74××175 的 CP 端接信号发生器输出的数字脉冲信号，信号频率 1Hz。

（5）将开关 $\overline{\text{Rd}}$ 置"0"（逻辑开关 S01），发光二极管 DS01 亮。再将 Rd 置"1"，观察所有发光二极管亮灭情况。

（6）填表 6-1，表中各行 Q_1～Q_4 值通过理论推导得到，DS01～DS08 值通过实验观察得到。

表 6-1　扭环形计数器状态表

CP	Q_1	Q_2	Q_3	Q_4	DS01	DS02	DS03	DS04	DS05	DS06	DS07	DS08
0	0	0	0	0								
1												
2												
3												
4												
5												
6												
7												
8												

【实验 6-2】24 小时计数器

1. 实验内容

74××90 芯片是二-五-十进制异步加法计数器，先将两片 74××90 芯片级连构成 100 进制计数器，再用整体反馈清零法构成 24 进制计数器，并利用 CD4511 芯片和共阴极七段数码管显示 24 进制循环计数。

2. 实验目的

（1）学习中规模集成电路二-五-十进制计数器 74××90 的使用方法。

（2）学习芯片的级连及整体反馈清零法实现任意进制计数器。

3. 芯片管脚图及功能表

74××90 管脚图如图 6-2 所示。

74××90 功能表如表 6-2 所示。

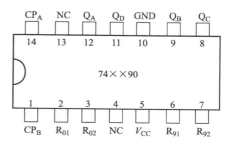

图 6-2　74××90 的管脚图

表 6-2 74××90 的功能表

复位输入				输出				8421BCD 计数顺序①					5421BCD 计数顺序②				
R_{01}	R_{02}	R_{91}	R_{92}	Q_D	Q_C	Q_B	Q_A	计数	输出				计数	输出			
									Q_D	Q_C	Q_B	Q_A		Q_A	Q_D	Q_C	Q_B
H	H	L	×	L	L	L	L	0	L	L	L	L	0	L	L	L	L
H	H	×	L	L	L	L	L	1	L	L	L	H	1	L	L	L	H
×	×	H	H	H	L	L	H	2	L	L	H	L	2	L	L	H	L
×	L	×	L	COUNT				3	L	L	H	H	3	L	L	H	H
L	×	L	×	COUNT				4	L	H	L	L	4	L	H	L	L
L	×	L	×	COUNT				5	L	H	L	H	5	H	L	L	L
×	L	L	×	COUNT				6	L	H	H	L	6	H	L	L	H
								7	L	H	H	H	7	H	L	H	L
								8	H	L	L	L	8	H	L	H	H
								9	H	L	L	H	9	H	H	L	L

① 对于二-五-十进制计数，即 8421BCD 码计数，输出 Q_A 与输入 CP_B 相连计数。

② 对于五-二-十进制计数，即 5421BCD 码计数，输出 Q_D 与输入 CP_A 相连计数。

4. 实验电路图及实验过程

在图 6-3 上完成 24 小时计数译码显示电路的设计。

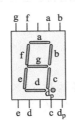

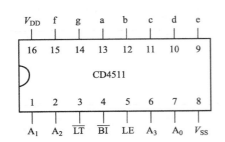

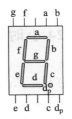

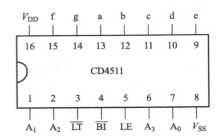

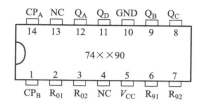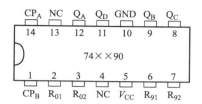

图 6-3　完成 24 小时计数译码显示电路的设计

说明如下。

（1）接好所有芯片的电源和地，其中电源接 3.3V。

（2）个位计数器 74××90 芯片的 CP 端接入 1Hz 数字脉冲信号。

（3）观察数码管，检查是否实现 24 进制计数译码显示。

【实验 6-3】秒表电路

1. 实验内容

74××161 是 4 位二进制同步加法计数器。一片 74××161 通过反馈置数法构成十进制计数器（秒表的个位计数器），另一片 74××161 通过反馈置数法构成六进制计数器（秒表的十位计数器），两部分计数器级连形成 60 进制计数器。使此计数器对秒信号计数，并译码显示，成为秒表。

2. 实验目的

（1）学习四位二进制加法计数器 74××161 的使用方法。

（2）学习反馈置数法构成任意进制计数器。

（3）进一步学习芯片的级连。

3. 芯片管脚图及功能表

74××161 芯片管脚图如图 6-4 所示。

74××161 芯片功能表如表 6-3 所示。

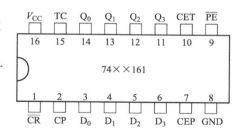

图 6-4　74××161 芯片管脚图

表 6-3　74××161 芯片功能表

输入									输出				
清零	预置	使能		时钟	预置数据输入								进位
CR	PE	CEP	CET	CP	D_3	D_2	D_1	D_0	Q_3	Q_2	Q_1	Q_0	TC
L	×	×	×	×	×	×	×	×	L	L	L	L	L
H	L	×	×	↑	D_3^*	D_2^*	D_1^*	D_0^*	D_3	D_2	D_1	D_0	#
H	H	L	×	×	×	×	×	×	保持				#
H	H	×	L	×	×	×	×	×	保持				L
H	H	H	H	↑	×	×	×	×	计数				#

4. 实验电路图及实验过程

秒表的计数器部分电路原理图如图 6-5 所示，译码显示部分读者自行画出。

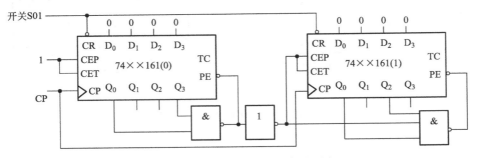

图 6-5　秒表计数器部分电路原理图

说明如下。

（1）按照图 6-5 完成秒表的计数器部分连线，然后依照实验 6-2 完成译码显示部分的连线（两片 74××161 的输出按高低位分别接显示译码器 CD4511 的 8421BCD 码输入端，CD4511 的各段码输出连接共阴极七段数码管）。

（2）接好所有芯片的电源和地，其中电源接 3.3V。

（3）CP 端接入 1Hz 数字脉冲信号。

（4）清零端 $\overline{\text{CR}}$ 接开关 S01，置"0"，再置"1"。

（5）观察秒表功能是否实现。

（6）回答如下问题：图 6-5 中，从反相器输出到三输入与非门输入端的那根连线的作用是_____，如果去掉此根连线，电路将构成计数器的模值是_____。

【实验 6-4】加分题：模值可控计数器设计

1. 实验内容

由 4D 触发器芯片 74××175 和逻辑门设计可控计数器，当输入 X＝0 时为三进制加法计数器，当 X＝1 时为四进制加法计数器。

2. 实验目的

（1）学习用 D 触发器，依照同步时序电路的设计方法设计任意进制计数器。

（2）进一步熟悉实际和虚拟仪器的使用。

3. 实验电路图及实验过程

设计这个可控计数器，填写以下状态转换真值表及激励量表格（表 6-4）。

表 6-4　可控计数器状态转换真值表及激励量表格

X	Q_2^n	Q_1^n	$Q_2^{n+1}(D_2)$	$Q_1^{n+1}(D_1)$
0	0	0		
0	0	1		

续表

X	Q_2^n	Q_1^n	$Q_2^{n+1}(D_2)$	$Q_1^{n+1}(D_1)$
0	1	0		
0	1	1		
1	0	0		
1	0	1		
1	1	0		
1	1	1		

由以上表格得两个激励方程为：

$D_2 = $ _____ ，

$D_1 = $ _____ 。

在图 6-6 中补充完成此计数器的电路接线图（加入适当的逻辑门）。

说明如下。

（1）按照设计电路图接线。

（2）所有芯片接好自己的 3.3V 电源和地。

（3）74××175 的 $\overline{\text{Rd}}$ 端接逻辑开关 S01，输入量 X 由逻辑开关 S02 赋值。

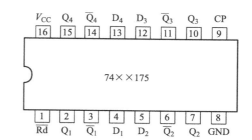

图 6-6　设计可控计数器电路接线图

（4）74××175 的 Q_2、Q_1 输出端分别接发光二极管 DS01、DS02。

（5）74××175 的 CP 脉冲输入端输入 1Hz 的数字脉冲信号。

（6）分别将 X 赋值"0"和"1"，通过观察发光二极管，检查是否完成可控计数器功能。

（7）将 74××175 的 CP 端输入的数字脉冲信号频率改为 1kHz。在 X=0 和 X=1 情况下分别用示波器的两通道同时观察 74××175 的 CP 及 Q_2 的波形，要求两波形同时清晰稳定，并画于图 6-7 中。

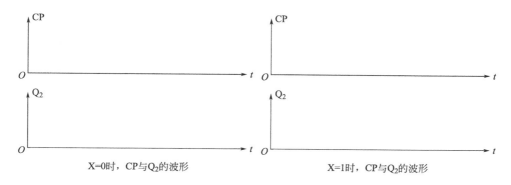

图 6-7　计数器输入、输出波形

【实验 6-5】加分题：六进制减法计数器设计

1. 实验内容

用下降沿触发 JK 触发器 74××112 设计六进制减法计数器，其状态转换图如图 6-8 所示。

2. 实验目的

学习用 JK 触发器，依照同步时序电路的设计方法设计任意进制计数器。

3. 芯片管脚图及功能表

74××112 管脚图如图 6-9 所示，功能表见表 6-5。

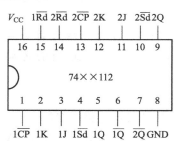

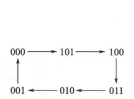

图 6-8 六进制减法计数器状态转换图

图 6-9 74××112 管脚图

表 6-5 74××112 功能表

输入					输出	逻辑功能
$\overline{\text{Rd}}$	$\overline{\text{Sd}}$	CP	J	K	Q^{n+1}	
0	1	×	×	×	0	设置
1	0	×	×	×	1	初态
1	1	↓	0	0	Q^n	保持
1	1	↓	0	1	0	置0
1	1	↓	1	0	1	置1
1	1	↓	1	1	$\overline{Q^n}$	翻转

4. 实验电路图及实验过程

不用画状态转换表，直接根据状态转换图填 3 个 JK 触发器共 6 个激励量的卡诺图（图 6-10）。

由以上 6 个卡诺图得 6 个激励方程为：

$J_2 = $ _____ ， $K_2 = $ _____ ；

$J_1 = $ _____ ， $K_1 = $ _____ ；

$J_0 = $ _____ ， $K_0 = $ _____ 。

在图 6-11 中，加入适当的逻辑门完成六进制减法计数器的电路原理图。

说明如下。

（1）由于 1 片 74××112 有两个 JK 触发器，我们从两片 74××112 共 4 个触发器中选择 3 个完成此设计。

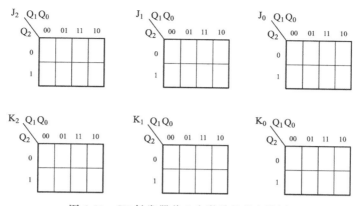

图 6-10　JK 触发器共 6 个激励量的卡诺图

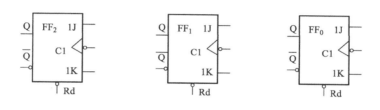

图 6-11　六进制减法计数器的电路原理图

（2）按照设计的六进制减法计数器的电路原理图接线。

（3）所有芯片接好自己的 3.3V 电源和地。

（4）三个 JK 触发器的 $\overline{Rd}$ 端相连接逻辑开关 S01。

（5）三个 JK 触发器的 Q 端按照从高位到低位的顺序接发光二极管 DS01、DS02、DS03。

（6）三个 JK 触发器的 CP 脉冲输入端相连，输入 1Hz 的数字脉冲信号。

（7）将接于逻辑开关 S01 的 $\overline{Rd}$ 端先赋值"0"然后再赋值"1"，通过观察发光二极管，检查是否完成 6 进制减法计数器功能。

五、注意事项（Matters Needing Attention）

（1）每次实验前，注意观察面包板是否可以正常使用，芯片的安插方向是否正确，芯片管脚与面包板插口是否接触良好。

（2）如果出现实验做不出来的情况，注意以下几点：

① 用万用表检查每块芯片上，与电源、地相连接的管脚，看看这些管脚是否

真正与电源、地联通；

　　② 切断电源，用万用表蜂鸣挡检查杜邦线的通断，以免表面上看电路是接通的，而实际上是断的；

　　③ 如果能力许可，先尝试根据电路表现出来的现象推断问题可能出现的地方，有针对性地去检查；

　　④ 如果对实验原理比较熟悉，可以按照信号从输入到输出的方向，判断出每个管脚应当具有什么样的电压或波形（即理论值），然后用仪器依次测量这些管脚，观察实际值与理论值是否符合，如果不符合，尝试思考原因并解决故障。

六、实验完成情况

实验项目	实验 6-1	实验 6-2	实验 6-3	实验 6-4	实验 6-5	备注
教师签章						

七、实验总结（About Report）

　　简单总结本次实验课程，200～300 字。

　　可以从学到的理论或技能、遇到的问题或故障、解决的办法以及经验总结等一方面到多方面来完成该总结。

_____

_____

_____

_____

_____

_____

_____

　　教师签章：

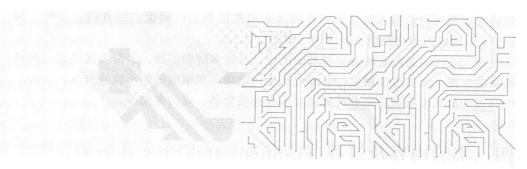

实验七　小型电路系统——555定时器

一、实验目标（Objectives）

（1）进一步尝试根据自己的需要选择实际仪器或虚拟仪器进行实验。

（2）学习中规模集成电路（555定时器）的使用方法。

（3）学习利用555定时器完成施密特反相器、多谐振荡器、单稳态触发器等典型应用电路。

（4）学习用555构成报警器、定时器等生活和工程中的常用电路。

二、仪器及元器件（Equipment and Component）

A+D Lab主板、面包板、数字电路实验模块；

数字万用表、数字示波器、信号发生器；

USB连接线、电源线2根、两种杜邦线；

3片555、发光二极管、扬声器、常开触点按键、电阻若干、电容若干。

三、实验知识的准备（Elementary Knowledge）

555定时器是应用广泛的一种中规模集成电路，外接RC电路就可构成单稳态触发器、多谐振荡器、施密特触发器三大单元电路。

555构成的单稳态触发器，输入端输入的窄负脉冲，触发输出端输出的宽正脉冲。输出正脉冲的宽度由外接的RC充放电电路参数决定。单稳态触发器常用于定时。

555构成的施密特触发器是反向施密特触发器，又称施密特反相器。其电压传输特性曲线带有迟滞环，输入从小到大和输入从大到小两个过程的阈值（输出发生翻转时刻所对应的输入值）不同，称为正向阈值和负向阈值，二者的差值称为回差。555 构成的施密特触发器常用于波形变换。

在 555 构成的施密特触发器基础上可以搭建多谐振荡器，多谐振荡器是一种自激振荡电路，无需外加触发信号即可产生一定频率和幅值的矩形波或方波。

三个单元电路灵活组合，可以实现各种报警器、定时电路等。

四、实验内容及过程（Content and Procedures）

【实验 7-1】555 定时器构成施密特触发器

1. 实验内容

将 555 定时器接成施密特触发器，观察施密特触发器的波形转换作用。利用输入波形、输出波形的关系测量正、负阈值电压，利用示波器的 X-Y 显示模式观察施密特触发器电压传输特性曲线。

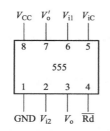

图 7-1　定时器 555 管脚图
1—接地端；2—触发输入端；3—输出端；4—复位端；5—电压控制端；6—阈值输入端；7—放电端；8—电源端＋V_{CC}

定时器 555 功能表如表 7-1 所示。

2. 实验目的

（1）学习用 555 定时器构成施密特触发器的方法。

（2）体会施密特触发器的波形转换功能。

（3）加深理解施密特触发器正、负阈值的概念。

（4）进一步学习信号发生器、示波器使用方法。学习示波器的游标测量方法，学习示波器 Y-T 显示模式及 Y-X 显示模式的转换。

3. 芯片管脚图及功能表

定时器 555 管脚图如图 7-1 所示。

表 7-1　定时器 555 功能表

输入			输出	
阈值输入(V_{i1})	触发输入(V_{i2})	复位($\overline{Rd}$)	输出(V_o)	放电管 T
$\times$	$\times$	0	0	导通
$<\frac{2}{3}V_{CC}$	$<\frac{1}{3}V_{CC}$	1	1	截止
$>\frac{2}{3}V_{CC}$	$>\frac{1}{3}V_{CC}$	1	0	导通
$<\frac{2}{3}V_{CC}$	$>\frac{1}{3}V_{CC}$	1	不变	不变

4. 实验电路图及实验过程

电路接线图如图 7-2 所示。

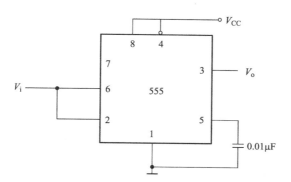

图 7-2　555 构成的施密特触发器电路接线图

说明：

（1）按图 7-2 所示接线，其中 $V_{CC}=3.3V$。

（2）从信号发生器输出一个频率为 1kHz 的三角波，此三角波为直流三角波，双幅值 V_{CC}，带 $V_{CC}/2$ 直流偏置量。如果用虚拟信号发生器，需调成单幅值 1.65V，直流偏置 1.65V。

将三角波用示波器 1 通道显示，1 通道输入耦合方式为直流耦合 DC，1 通道垂直位移归 0，零电平扫描线应正好经过三角波底部。显示波形如图 7-3 所示。

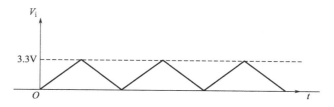

图 7-3　施密特触发器输入的三角波

（3）将调整好的三角波作为施密特触发器的输入信号 V_i。

（4）用示波器上两个通道同时观察 V_i、V_o 的波形，并将 V_i、V_o 的波形记录在图 7-4 的同一个坐标系中。注意：示波器双通道耦合方式均为 DC 耦合，双通道均垂直位移归 0。

图 7-4

（5）分别用游标测量施密特触发器正向阈值 V_{T+}、负向阈值 V_{T-}、回差 ΔV_T。

记录 $V_{T+}=$ ＿＿＿＿＿＿＿＿＿＿＿＿＿＿，$V_{T-}=$ ＿＿＿＿＿＿＿＿＿＿＿＿＿＿，$\Delta V_T=$ ＿＿＿＿＿＿＿＿＿＿＿＿＿。

（6）用示波器的 CH_1 通道显示 V_i，CH_2 通道显示 V_o，将显示方式置于 X-Y 方式，屏幕上即显示施密特反相器的电压传输特性曲线。通过电压传输特性曲线再次测量 V_{T+}、V_{T-}、和回差 ΔV_T。

【实验 7-2】单稳态触发器

1. 实验内容

将 555 定时器接成单稳态触发器，通过手摸金属片的方式输入一个窄负脉冲，输出的正脉冲通过发光二极管显示。

2. 实验目的

（1）学习 555 定时器构成单稳态触发器的电路结构、工作原理。

（2）验证输出单脉冲宽度与充放电电路 R、C 参数之间的关系。

3. 实验电路图及实验过程

电路接线图如图 7-5 所示。

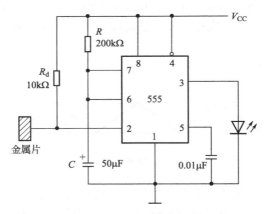

图 7-5　555 构成单稳态触发器电路接线图

说明如下。

（1）按图 7-5 所示接线，其中 $V_{CC}=3.3V$。

（2）观察实验现象：当手摸金属片时，发光二极管亮，经过一定时间后，发光二极管自动熄灭。

（3）记录发光二极管维持"亮"的时间 ＿＿＿＿＿＿＿＿＿＿＿＿＿＿，与理论值 $T_W=$ ＿＿＿＿＿＿＿＿＿＿＿＿＿做比较。

【实验 7-3】多谐振荡器

1. 实验内容

将 555 定时器接成多谐振荡器，作为防盗报警电路。将 555 的复位端与地之间用一根铜丝（实验时用一根杜邦线代替）接通，假设此根线置于小偷必经之处。当小偷闯入室内将铜丝碰断后，多谐振荡器开始振荡，扬声器开始报警。

2. 实验目的

（1）学习 555 构成多谐振荡器的电路结构。

（2）体会多谐振荡器中复位端的作用。

（3）进一步学习示波器的使用。

3. 实验电路图及实验过程

电路接线图如图 7-6 所示。

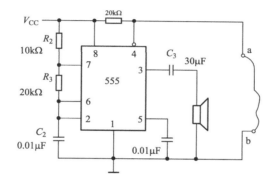

图 7-6　555 构成多谐振荡器电路接线图

说明如下。

（1）按图 7-6 所示接线，其中 $V_{CC} = 3.3V$。

（2）观察实验现象（是否 a、b 相连扬声器不响，a、b 断开扬声器报警）。

（3）扬声器报警时，用示波器双通道同时显示电容 C_2 两端电压 v_{C_2} 及多谐振荡器输出电压 v_O 的波形，并画于图 7-7 中。

图 7-7　多谐振荡器波形图

（4）测量多谐振荡器输出电压 v_O 振荡频率，记录_____，并与理论计算值 $f =$ _____进行比较。

【实验 7-4】 高低音报警器

1. 实验内容

3 片 555 定时器中，两片接成多谐振荡器电路，一片接成单稳态触发器电路。其中的一个多谐振荡器"555(2)"输出的振荡波形驱动扬声器，另一个多谐振荡器"555(1)"输出交替变化的高低电平使"555(2)"的 5 管脚电位交替变化，使"555(2)"输出频率交替变化，进而产生高低音报警；而每按一次按键，单稳态触发器输出一个正脉冲，使"555(2)"的复位端无效一段时间，这段时间产生高低音报警，其他时段并不报警。

2. 实验目的

（1）进一步学习 555 构成多谐振荡器、单稳态触发器的电路结构。

（2）进一步体会 555 复位端的作用。

（3）体会 555 定时器 5 管脚的作用，5 管脚的变化如何改变正负阈值，如何改变构成的多谐振荡器的振荡频率。

3. 实验电路图及实验过程

电路接线图如图 7-8 所示。

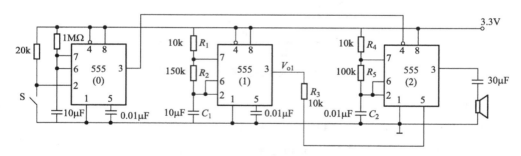

图 7-8 高低音报警器电路接线图

说明如下。

（1）所有芯片接好自己的 3.3V 电源和地，S 为常开触点按键。

（2）观察实验现象，按键每按一下，扬声器开始高低音报警，并持续一段时间。

（3）记录高低音报警声音持续的时间_____，高低音报警声音持续时间理论值 $T_W =$ _____。

（4）对图 7-8 做最简单修改，使之成为持续的高低音报警器，在图 7-9 中补充完成。

（5）从理论上分析，这个高低音报警器高音频率_____，高音持续时间

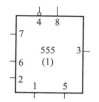
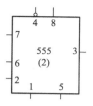

图 7-9　持续的高低音报警器

_____；低音频率_____，低音持续时间_____。

【实验 7-5】加分题：自主设计电路

1. 实验内容

用 555 设计一个定时器，完成如下功能：操作开关前，扬声器不响。操作开关后，开始定时，定时时间到扬声器发出声音，然后电路可以人为地关掉扬声器。

2. 实验目的

（1）进一步学习用 555 定时器构成各种单元电路（单稳态触发器、施密特触发器、多谐振荡器），理解每种单元电路的作用；

（2）学习用 555 构成各种单元电路组合，如构成报警器、定时器等应用电路。

3. 实验电路图及实验过程

设计这个定时器电路，在图 7-10 中补充完成此电路接线图。

提示：定时时间到，扬声器发声，"555（2）"必定接成多谐振荡器，输出接扬声器。定时时间未到，扬声器不响，"555（2）"的复位端 4 管脚应该是低电平；定时时间到，扬声器响，"555（2）"的复位端 4 管脚应该是高电平；"555（1）"的输

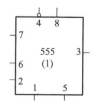
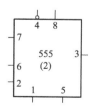

图 7-10　555 构成的定时器接线图

出应该控制"555（2）"的复位端。"555（1）"应该接成什么单元电路，大家认真考虑，必须同时满足"操作开关前，扬声器不响。操作开关后，开始定时，定时时间到扬声器发出声音，然后电路可以人为地关掉扬声器"此定时器所有的要求。

说明如下。

（1）利用555定时器及本次实验用过的电阻、电容设计电路。

（2）实验测试所设计的定时器实际定时时间_____，所设计的定时器理论定时时间_____；定时时间到，用示波器测试所设计的定时器实际输出振荡频率_____，所设计的定时器理论输出振荡频率_____。

五、注意事项 （Matters Needing Attention）

（1）每次实验前，注意观察面包板是否可以正常使用，芯片的安插方向是否正确，芯片管脚与面包板插口是否接触良好。

（2）如果出现实验做不出来的情况，注意以下几点：

① 用万用表检查每块芯片上，与电源、地相连接的管脚，看看这些管脚是否真正与电源、地联通；

② 切断电源，用万用表蜂鸣挡检查杜邦线的通断，以免表面上看电路是接通的，而实际上是断的；

③ 如果能力许可，先尝试根据电路表现出来的现象推断问题可能出现的地方，有针对性地去检查；

④ 如果对实验原理比较熟悉，可以按照信号从输入到输出的方向，判断出每个管脚应当具有什么样的电压或波形（即理论值），然后用仪器依次测量这些管脚，观察实际值与理论值是否符合，如果不符合，尝试思考原因并解决故障。

六、实验完成情况

实验项目	实验 7-1	实验 7-2	实验 7-3	实验 7-4	实验 7-5	备注
教师签章						

七、实验总结 （About Report）

简单总结本次实验课程，200～300字。

可以从学到的理论或技能、遇到的问题或故障、解决的办法以及经验总结等一方面到多方面来完成该总结。

教师签章：

实验八　EDA设计入门二——Vivado和FPGA

一、实验目标（Objectives）

（1）学习 Vivado 开发环境，掌握利用 Vivado 开发 Xilinx FPGA 的基本流程。

（2）学习使用 Vivado 完成一个时序逻辑电路。

（3）学习使用 Vivado 完成 IP 封装。

二、仪器及元器件（Equipment and Component）

Basys3 开发板、计算机。

三、实验知识的准备（Elementary Knowledge）

Xilinx（赛灵思）是全球领先的可编程逻辑完整解决方案的供应商。Xilinx 研发、制造并销售范围广泛的高级集成电路、软件设计工具以及作为预定义系统级功能的 IP（Intellectual Property）核。

Vivado 是 Xilinx 公司 FPGA 系列产品的集成开发工具，包括高度集成的设计环境和新一代从系统到 IC 级的工具，是一个基于 AMBA AXI4 互联规范、IP-XACT IP 封装元数据、工具命令语言（TCL）、Synopsys 系统约束（SDC）以及其他有助于根据客户需求量身定制设计流程并符合业界标准的开放式环境。

Basys3 是一款由 Digilent 推出的 Xilinx Vivado 工具链支持的入门级 FPGA 开发板，带有 Xilinx Artix-7 FPGA 芯片架构，拥有即用型的硬件，丰富的板载 I/O 口，所有必要的 FPGA 支持电路。

四、实验内容及过程（Content and Procedures）

【实验 8-1】数字钟实验

1. 实验目的

（1）熟悉 Vivado 开发环境。

（2）掌握 Xilinx FPGA 基本开发流程。

2. 实验内容

（1）创建新工程，工程命名为 Digital_Clock，设置好工程存放路径。注意：工程名和工程路径名尽量不要出现中文或者空格，否则可能导致最后综合验证和实现时出错。

（2）添加已设计好的 IPcore。本工程需要两个 IP 目录：74LSXX_LIB 与 Interface。74LSXX_LIB 和 Interface 都位于 Digital_Clock \ Src \ HDL_source \ IP_Catalog 下。

（3）创建原理图，添加 IP，进行原理图设计。

（4）对工程添加引脚约束文件。

（5）综合、实现、生成 bitstream。

（6）下载验证。

【实验 8-2】IP 封装实验

1. 实验目的

（1）熟悉 Vivado 开发环境。

（2）掌握 FPGA 中 IP 核的基本开发流程。

2. 实验内容

（1）GUI 方式封装 IP。

① 创建新工程。

② 创建或者添加设计文件。设计文件创建或者添加完成后，双击 Source 窗口下的 Verilog 文件，进行模块设计。添加如图 8-1 所示的代码。

③ 完成设计后，进行综合设计，验证设计的正确性。

④ 进行 IP 封装。

（2）基于 TCL 的封装流程。打开 Vivado，点击界面左下方的 TCL Console，在 TCL Console 的输入栏中输入相关 TCL 指令完成设计。

依次输入如下命令，即可完成 74LS00 IP 的封装。（注意：以下命令中路径"/"的方向）

① cd e：/IP_Package 进入到工作目录，在这个工作目录中包含封装 IP 所需要的

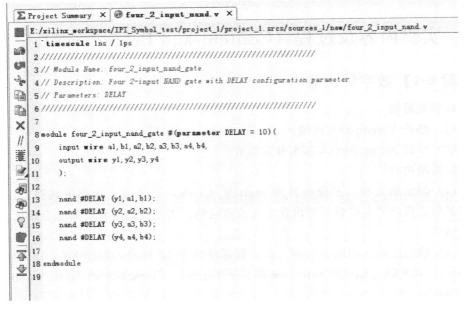

图 8-1　代码窗口

源文件。

②　set ip ＿ name 74LS00 设置 IP 名称。

③　set source ＿ files four ＿ 2 ＿ input ＿ nand. v 设置源文件名称。

④　set description "Four 2-input NAND gate with DELAY configuration pa-
rameter" 对 IP 进行功能描述。

⑤　set readme ＿ file readme. txt 添加 readme 文件。

⑥　set logo ＿ file xup ＿ IPI. png 添加 LOGO 文件。

⑦　source. /package ＿ ip. tcl 运行工作目录下的 TCL 脚本文件，进行 IP 封装。

五、注意事项（Matters Needing Attention）

（1）本实验中所涉及的操作方法与流程依赖实验环境，只有在正确的实验环境
下方可复现。

（2）请严格按照实验指导书附录三内容步骤操作。

六、实验完成情况

实验项目	实验 8-1	实验 8-2	备注
教师签章			

七、实验总结（About Report）

简单总结本次实验课程，200～300 字。

可以从学到的理论或技能、遇到的问题或故障、解决的办法以及经验总结等一方面到多方面来完成该总结。

教师签章：

附录一 "雨课堂+雷实验"智慧平台使用方法简介

"雨课堂+雷实验"是集合课前预习、课上实验以及课后总结于一体的互联网智慧教育平台，数字电子技术实验均可在平台上完成。下面进行详细介绍。

一、雨课堂介绍及应用

"雨课堂"提供分班、接收课程信息、接收课程附件等功能。教师在第一次课时会发布"雨课堂"班级二维码，学生通过微信扫码加入班级，之后可查看课件信息和实验信息等。

二、雷实验介绍及应用

（一）A＋D Lab 硬件介绍

A＋D Lab 硬件组成如附图 1-1 所示。

A. 电源指示：正常上电后为蓝色亮光。

B. 数字输入/输出：共有 8 个接线端子（目前用于逻辑分析仪接线）。

C. PMOD 接口：2 路 Pmod 接口，注意引脚定义。

D. 电源接口：提供±15V 固定电源以及±5V 可调节电源。

E. 示波器接口：标准 BNC 接口（2 个，SCOPE）。

F. 信号源接口：标准 BNC 接口（2 个，FGEN）。

G. 示波器触发信号。

H. 扩展模块安装区域，可安装模块。

I. 扩展模块信号接口。

J. 模块拆卸助力扣手。

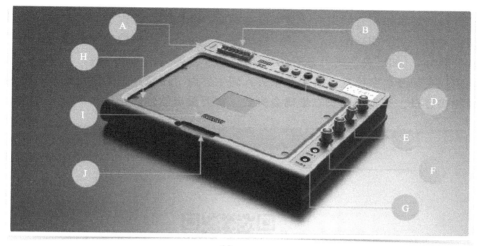

(a)

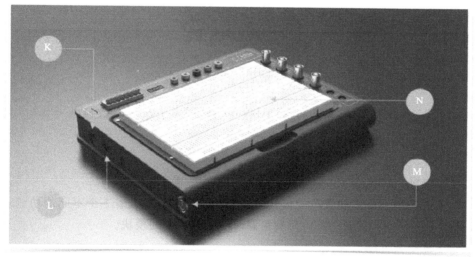

(b)

附图 1-1 A＋D Lab 硬件图

K. USB 从设备接口：请连接电脑主机。

L. USB 主设备接口：连接外设实验模块。

M. 设备电源开关。

N. 扩展模块："标准创新面包板模块"。

(二)"雷实验"软件介绍

1. 软件启动及界面概览

在线登录的前提条件是设备连接用户电脑（已开机）且电脑已成功连接互联

网。双击"A＋D Lab. exe"启动程序后，弹出启动界面，软件会检测当前的网络状态。待网络状态检查结束后，进入登录界面，如附图 1-2 所示。用户可以通过手机微信"扫一扫"的功能进行登录，首次登录的用户，手机微信端会提示关注"雨课堂公众号"（如已关注则可忽略此步骤），用户选择关注公众号后，软件自动获取当前用户头像及名字信息，直接登录进入到主界面。**注意：二维码出现后，请尽快完成扫码登录，否则时间长二维码会失效，需要重启软件。**

附图 1-2　"雷实验"扫码登录

登录成功后，进入 A＋D Lab 的主界面，如附图 1-3 所示。

主界面是由 9 个不同颜色的板块组成的，每个板块代表着一个不同的功能。其中，学生平台（STUDENTS）为实验课时学生需登录的模块。

2. 学生平台介绍

（1）实验选择　点击主界面中"STUDENTS"板块，进入学生平台，在启动学生平台之前，先选择本次课实验内容，如附图 1-4 所示。点击"确定"，正式进入学生平台界面。

（2）界面描述　学生平台的初始界面如附图 1-5 所示。

① 工具栏。工具栏主要包含 9 个功能按钮，分别是：下载附件、屏幕截图、上传图片、保存波形、上传附件、上传报告、调用 Vivado、系统配置、帮助向导。

a. 下载附件，点击可直接弹出下载界面，界面中有老师发布实验时上传的附件，可在界面中对附件进行下载。若老师未上传附件，则提示"暂无附件"。

b. 上传图片，此功能按钮仅在"搭建实验"步骤时被启用，用于向手机端发送上传图片的请求。在手机端接收到此信息后，可通过"雨课堂"公众号将照片

附图 1-3 "雷实验"主界面图

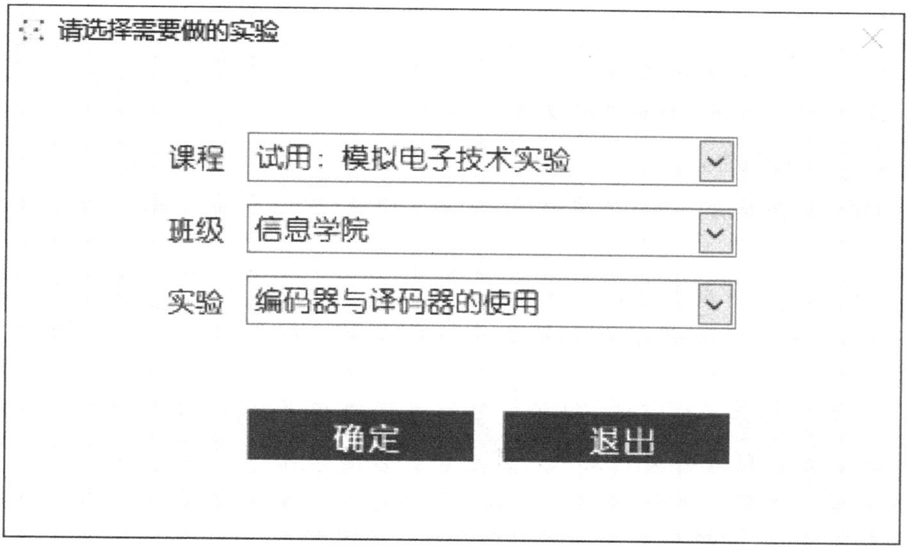

附图 1-4 选择本次实验课程内容

上传至"雷实验"界面，存储或编辑照片。

c. 保存波形，此功能按钮仅在"数据获取"步骤时被启用，点击按钮后，可以保存虚拟示波器中波形图中的波形数据（前提：虚拟示波器已被调用

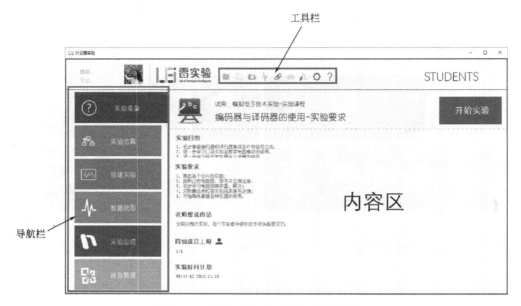

附图 1-5 "雷实验"学生平台的初始界面

起来）。

d. 上传附件，点击按钮，调出上传附件界面，学生可上传实验步骤以外的理论分析文档、总结文档或其他文件。

e. 上传报告，此功能按钮仅在"报告整理"步骤时被启用。**在实验结束后，必须点击按钮后，学生才可将实验报告、附件一键上传至云端服务器，供教师查阅。**

② 导航栏。导航栏包括实验准备、实验仿真、搭建实验、数据获取、实验总结、报告整理共 6 个步骤。切换不同的步骤，内容栏中显示不同的功能模块。

（3）实验准备　进入学生平台，会自动加载至"实验准备"步骤，如附图 1-6 所示。**请认真阅读实验要求，并点击"开始实验"。**注：学生只有点击了"开始实验"按钮，才代表学生正式开始实验了，若学生直接点击导航栏的"实验仿真"，其实验状态在老师那里会是"未开始"，若正常点击了，则学生的实验状态在老师端会显示为"正在实验"。**只有点击"开始实验"，最后上传报告时，教师端才能查阅到报告；否则，即使提示上传成功，教师端也无该报告。**

（4）搭建实验　此步骤旨在将实际搭建的实验电路以照片的方式从手机端同步到学生平台端，学生搭建好实际的实验电路后，可以点击"上传图片"按钮，学生

附图 1-6 "雷实验"实验准备界面

平台端会向手机端发送拍照请求，同时学生平台端显示如附图 1-7（a）所示。在未完成手机端图片的拍照上传操作前，暂时不能关闭以下界面。

学生平台向手机端发送拍照请求后，手机端会收到如附图 1-7（b）所示的提示"时代行云平台请求拍照，请您在 2 分钟之内发送，您可发送 1 张图片。"直接在公众号中使用微信拍照或选择照片功能，手机端会返回"上传成功"的提示。

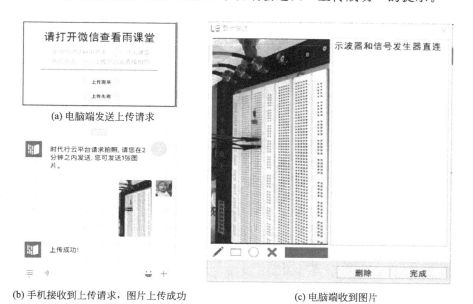

(a) 电脑端发送上传请求

(b) 手机接收到上传请求，图片上传成功

(c) 电脑端收到图片

附图 1-7 "雷实验"实验搭建界面

此时可以点击"上传完毕"按钮，学生平台端则会将手机上传的图片同步下来，学生可以对图片进行编辑说明，如附图 1-7(c) 所示。若手机端返回的提示信息是"上传成功"以外的其他信息，则说明上传图片失败或超时，则在学生平台端需要点击"上传失败"按钮，来暂时结束本次图片同步。

（5）**数据获取**　此步骤配合"搭建实验"步骤，如附图 1-8 所示，主要包括 A＋D Lab 的硬件虚拟仪器：示波器、信号发生器、可编程电源、逻辑分析仪等。

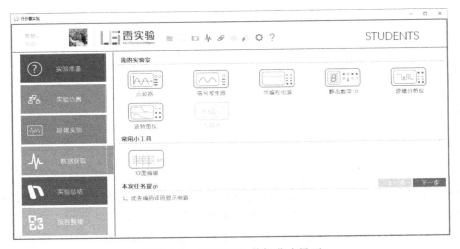

附图 1-8　"雷实验"数据获取界面

① 虚拟示波器。信号经标准 BNC 探头线，由 A＋D Lab 板上的 SCOPE 孔被虚拟示波器采集并进行后续分析。示波器的操作面板如附图 1-9 所示，其界面主要分为三部分：显示区域、菜单区域、操作区域。

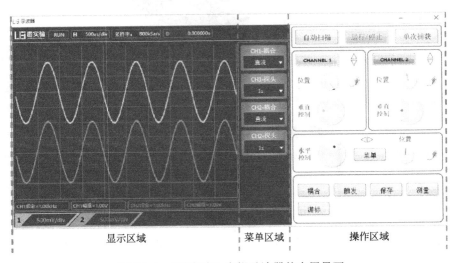

附图 1-9　"雷实验"虚拟示波器的应用界面

a. 显示区域的组成如附图 1-10 所示。

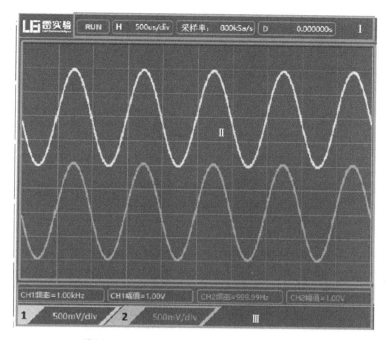

附图 1-10 "雷实验"虚拟示波器显示区域

区域Ⅰ：

RUN，显示当前的仪器状态，RUN 表示正在运行，STOP 表示仪器停止运行；

H 500us/div，水平时基，即水平轴每格所代表的时间长度；

采样率: 800kSa/s，显示当前的采样率大小，采样率的大小随着水平时基的改变而改变；

D 0.000000s，波形图的水平位移；

区域Ⅱ：显示两个通道的波形图数据，水平和垂直各 10 格。

区域Ⅲ：

CH1幅值=824.89uV，显示两个通道的基本参数测量值，包括频率、幅值、峰峰值、有效值、占空比等，是通过调用操作区域的"测量"功能，并修改菜单区域的测量参数而改变的；

1 1V/div，显示两个通道的垂直灵敏度，即每个通道每格所代表的电压值。

b. 菜单区域主要通过操作区域的几个功能的切换，来显示不同的二级菜单。能够切换菜单的功能包括：耦合、触发、测量、游标、菜单。

耦合：仪器初始进入时显示的菜单，如附图 1-11(a) 所示。可以选择两个示波器通道的耦合方式及探头倍数。耦合方式分为直流耦合、交流耦合，探头倍数分为 1×、10×。

触发：点击操作区域中的"触发"按钮，菜单自动切换至触发功能，如附图1-11(b) 所示。可以对示波器的触发类型、信号源、边沿类型、触发电压及迟滞电压进行配置。当前示波器的触发类型仅支持"边沿触发"，信源可以选择两个通道的任意一通道，边沿触发类型包括下降沿触发、上升沿触发、任意边沿触发，触发电压默认是0V，迟滞电压默认是200mV。

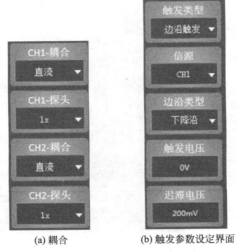

(a) 耦合   (b) 触发参数设定界面

附图1-11 "雷实验"虚拟示波器的耦合及触发菜单

测量：点击操作区域中的"测量"按钮，菜单切换至测量功能，如附图1-12所示。可以为两个通道选择需要测量的参数，参数包括频率、幅值、周期、占空比、峰峰值、有效值、平均值。选择完成之后，测量的参数在显示区的区域Ⅲ中显示。

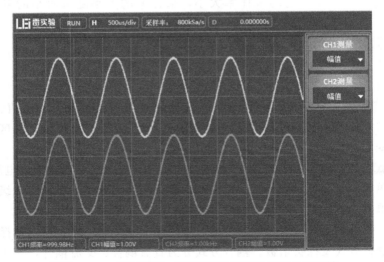

附图1-12 "雷实验"虚拟示波器的测量参数显示区域

游标：点击操作区域中的"游标"按钮，菜单切换至游标功能，如附图 1-13 所示。白色实线为游标 A，白色虚线为游标 B。可以通过选择信源来使游标测量不同通道的值，测量值为 AX、AY、BX、BY、BX-AX、BY-AY、1/dx。另外，当菜单切换至其他二级菜单界面时，游标测量的功能自动关闭。

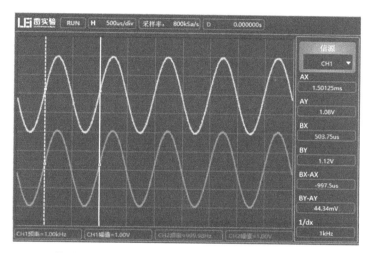

附图 1-13 "雷实验"虚拟示波器的游标应用界面

菜单：点击操作区域中的"菜单"按钮，调用出水平轴菜单。水平轴菜单包括两种功能：一、水平时基模式的选择，即选择当前图形时 YT 图或 XY 图；二、缩放扫描，即可以选择一段波形对波形进行放大查看。水平时基默认模式是 YT 图，若选择 XY 图，则会弹出相应的 XY 图曲线，如附图 1-14 所示，此时的缩放扫描功能为暂时被禁用。

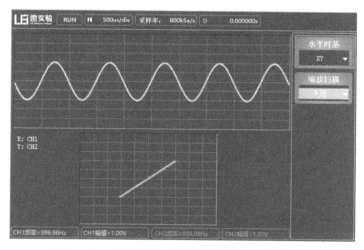

附图 1-14 "雷实验"虚拟示波器的时基设定界面

c. 操作区域的组成如附图 1-15 所示，其功能包括基本控制（自动扫描、运行/停止、单次捕获）、通道垂直控制、通道水平控制以及菜单区域控制。

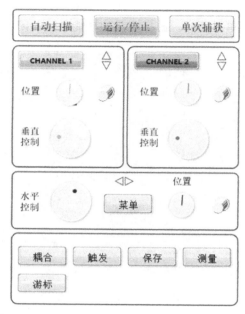

附图 1-15 "雷实验"虚拟示波器的操作区域界面

基本控制：

自动扫描，通过分析输入波形、自动调整水平时基、垂直灵敏度、AC/DC 耦合方式；

运行/停止，连续采集和停止采集切换；

单次捕获，单次模式，用于捕获突发脉冲，配合水平轴位置按钮调节预触发时间长度。

通道垂直控制，如附图 1-16（a）所示，以通道 1 为例，其功能主要分为通道使能、垂直位移调整、垂直位移归零以及控制垂直灵敏度。若禁用当前通道，则垂直位移调整、垂直位移归零、控制垂直灵敏度均被暂时禁用，直至通道被启用为止。垂直位移调制可控制旋钮一直旋转，其顺时针旋转为向下位移，逆时针旋转为向上位移。垂直位移调整，点击之后即可将当前波形图位移清零，使其归零显示。控制垂直灵敏度，可以通过调节旋钮，来控制波形垂直方向每格的电压值，可以在显示区域查看每个通道的垂直灵敏度。

通道水平控制，如附图 1-16（b）所示，其功能主要分为控制水平灵敏度（控制水平轴每格时间长度）、水平时基菜单（点击菜单区域切换至水平时基功能）、控制水平位置（可以一直旋转控制波形水平位置）、水平位置归零（点击后将水平位移归零）。

菜单区域控制，主要用于切换菜单区域内的不同功能，菜单区域已有描述，此

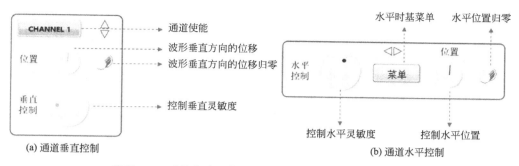

(a) 通道垂直控制   (b) 通道水平控制

附图 1-16 "雷实验"虚拟示波器的通道垂直和水平控制

处除"保存"功能外其他不做详细说明。

    点击"保存"功能按钮，弹出选择保存波形类型，如附图 1-17 所示。波形类型分为两种：波形图、XY 图。若水平时基模式是 XY 图，则保存 XY 图的功能才会被启用，否则会被禁用。

    选择"确定"按钮，则会显示要保存的波形数据，写下对其的描述，完成波形数据的保存，如附图 1-18 所示。

附图 1-17 "雷实验"虚拟示波器的保存波形功能

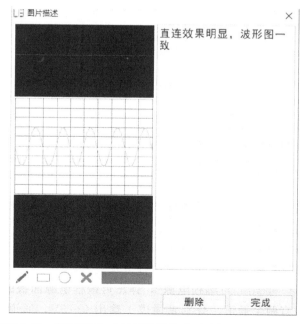

附图 1-18 "雷实验"虚拟示波器的波形编辑、文字描述功能

② 虚拟信号发生器。虚拟信号发生器设定好的信号，由 A＋D Lab 板的 FGEN 孔位经 BNC 探头线发出，将探头线根据电路原理图，接入电路中指定位置，则该位置获取到虚拟信号发生器产生的信号。

点击"信号发生器"，弹出信号发生器面板的界面如附图 1-19 所示。面板分为三个部分：Ⅰ.波形显示区；Ⅱ.操作控制区；Ⅲ.信号配置区。

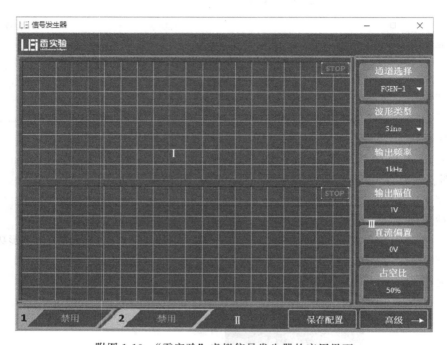

附图 1-19 "雷实验"虚拟信号发生器的应用界面

Ⅰ.波形显示区：显示通道输出的波形图。

Ⅱ.操作控制区。

a.使能/禁用按钮，点击按钮后使能/禁用当前通道的信号，当使能通道时，波形显示区显示相应的波形图；通道禁用时，则不显示相应的波形图。

b.保存配置，点击按钮后能够保存信号发生器的面板截图，如附图 1-20 所示。

Ⅲ.信号配置区，需先选择配置的通道，每个通道可配置的参数包括：波形类型、输出频率、输出幅值、直流偏置、占空比。

可配置的波形类型有：正弦波（Sine）、方波（Square）、三角波（Triangle）、直流（DC）；输出频率最大 10MHz；输出幅值及直流偏置为−5～＋5V。

③ 可编程电源。点击"可编程电源"，弹出可编程电源面板的界面如附图 1-21 所示。可编程电源有两个通道，分别是通道 1 输出 0～5V，通道 2 输出−5～0V。**设定好的电源，通过 A＋D Lab 板上对应的电源孔，经电源线流出。将电源线按电**

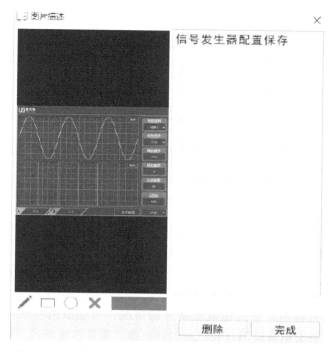

附图 1-20 "雷实验"虚拟信号发生器的信号配置保存界面

路原理图，接到电路指定位置，则该位置获得此电源电压，注意连接时要同时接好地线。

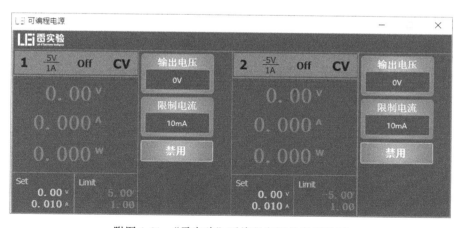

附图 1-21 "雷实验"可编程电源的应用界面

可编程电源的配置及信息显示界面如附图 1-22 所示。

电压电流配置：主要配置输出电压（两个通道的输出范围是－5～5V），配置限制电流，配置完成后显示区Ⅱ的设置显示跟随变化。

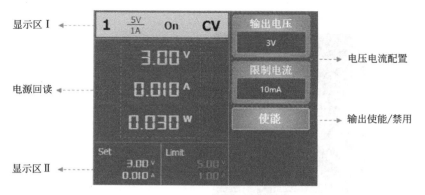

显示区 I

电压电流配置

电源回读

输出使能/禁用

显示区 II

附图 1-22 "雷实验"可编程电源的配置及信息显示界面

使能/禁用：点击来控制电源的输出使能/禁用，输出使能时显示区 I 被高亮且状态为 On，输出禁用时，显示区 I 变灰且状态为 Off。

电源回读：当电源通道未使能时，电源回读区域的参数均为 0，且颜色变灰。当电源通道被使能，电源回读区显示正常的电压、电流、功率的回读参数。

注意：使用过程中，会出现电源断开的情况，可能原因包括：电路中存在短路，电源在经过较大电流时因自我保护切断电源；硬件连接断线。请参考以上原因排查问题并解决。

④ 逻辑分析仪。将多根与电源线相同的线接在 A＋D Lab 的 DIO 接口，另一端按电路原理图，接在电路中待测量的位置，运行逻辑分析仪，逻辑分析仪采集信号并进行分析。

点击"逻辑分析仪"，进入逻辑分析仪面板的界面，如附图 1-23 所示。其分为三个区域：I. 显示区域；II. 操作区域；III. 使能区域。

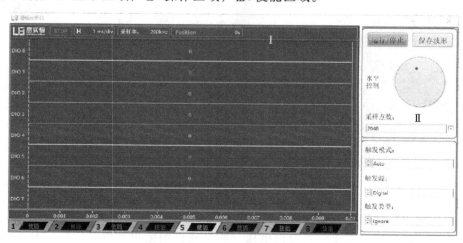

附图 1-23 "雷实验"逻辑分析仪的应用界面

Ⅰ.显示区域：

STOP，显示当前的仪器运行状态，RUN 表示正在运行，STOP 表示仪器停止运行；

H 1 ms/div，水平时基，即水平轴每格所代表的时间长度；

采样率： 200kHz，显示当前的采样率大小，采样率的大小随着水平时基的改变而改变；

Position 0s，波形图的水平位移。

波形图中共 8 个通道的 DIO，分别是硬件的 DIO 0～DIO 7。

Ⅱ.操作区域：

运行/停止，连续采集和停止采集切换；

保存波形，保存波形图中采集到的所有通道的波形截图与源数据至本地；

水平控制，控制水平轴每格的时间长度；

采样点数，配置每个同道采集到的采样点的个数；

触发模式，默认触发模式为 Auto，其共有三个触发模式，分别是 Auto、Normal、None；

触发源，分为 Digital、Ext1、Ext2；

触发类型，分为 Ignore、Low、High、Rise、Fall、Eage。

Ⅲ.使能区域：8 个通道都分别对应着一个使能按钮，默认 8 个通道都是使能状态。当禁用某个通道时，则在波形图上不显示当前通道信息。

（6）实验总结 学生可在此步骤写下实验的心得体会，若无则可直接退出，界面显示如附图 1-24 所示。

附图 1-24 "雷实验"实验总结界面

（7）报告整理　此步骤显示此前所有实验步骤所保存下来的图文数据，如附图1-25所示。

附图1-25　"雷实验"报告整理界面

此步骤支持对之前的图文数据进行重新编辑或删除，可以在任意一个想重新编辑或删除的图片上，右键，弹出菜单，选择编辑或删除即可完成对报告的整理，如附图1-26所示。

附图1-26　"雷实验"重新编辑已上传数据功能界面

此步骤完成对所有报告数据的编辑修改后，即可直接点击工具栏的 ⬤ 按钮，完成一键上传，上传完成后，会返回一个"报告提交成功"的提示，如附图1-27所示，若未弹出此提示，则表示上传报告失败。

三、面包板及相关工具的使用方法介绍

面包板也称线路板或集成电路实验板，由于板子上有很多小插孔，很像面包中

附图 1-27 "雷实验"报告提交成功

的小孔，因此得名。面包板是专为电子电路的无焊接实验设计制造的。由于各种电子元器件可根据需要随意插入或拔出，免去了焊接，节省了电路的组装时间，而且元件可以重复使用，所以非常适合电子电路的组装、调试和训练。

单条面包板如附图 1-28 所示，面包板的整板使用热固性酚醛树脂制造，板底有金属条，在板上对应位置打孔使得元件插入孔中时能够与金属条接触，从而达到导电目的。一般将 5 个孔板用一条金属条连接，同列插孔底下有金属夹片导通，可作电路中的电线，而不同列的则相互绝缘。面包板是由附图 1-28 所示的多个单条面包板组装而成，可以根据需要选购不同尺寸的面包板。每条面包板由三部分组成：上→电源区，中→元器件区，下→电源区。三部分由一块铝板固定结合在一起。

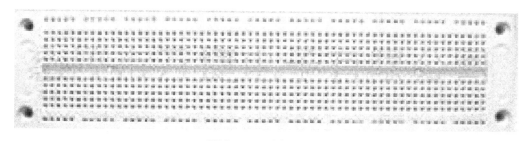

附图 1-28 单条面包板

板子中央有一条凹槽，这是针对需要集成电路、芯片的实验而设计的。板子上下两端有两排横向插孔，也是 5 个一组。这两组插孔是用于给板子上的元件提供电源。通常我们将它们分别设置为电源线（红色）和地线（黑色）。在稍大的面包板上，电源条和地条也许会被分割为几个部分，可以在每个部分设置不同的电源值，在整个面包板只使用一种电源电压的情况下，通过跳线就可以很方便地将这些部分连接为整体。附图 1-29 是一个简单电路接线。

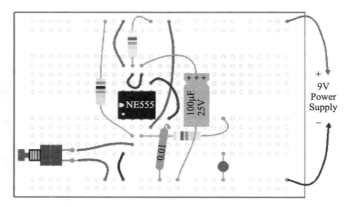

附图 1-29　面包板简单连线示意图

附图 1-30　杜邦线

在实验中元件之间的电路连接，除了靠面包板自身的金属插孔实现单组垂直方向的连接外，还需要用导线将水平方向的金属孔位和垂直方向的不同组连接起来。导线可以使用电子市场购买的不同长度的专用插接导线，如杜邦线（附图 1-30），也可以自己制作，使用线芯直径大约 0.5mm 左右的单芯铜导线，如附图 1-31 所示。用剥线钳［附图 1-32(a)］或小剪刀按照需要的尺寸剪下导线，导线两端剥下塑料外皮露出大约 0.8cm 长铜线，插接线的形状可以弯成圆弧形，便于单手操作插拔，也可以用镊子［附图 1-32(b)］将导线弯直角形，插接时贴在面包板上，走线相对美观，但需要镊子才能将导线拔下。导线的长度可剪裁为 3cm、5cm、8cm 等多种，3cm 导线适用于短距离连接，使用数量较大。连线的走线应遵循横平竖直、互不交叉的原则。还可利用镊子从面包板上拆卸集成电路芯片：将镊子从左面槽沟插入芯片与面包板之间的间隙，向上轻用力牵动一点间隙，然后再插入芯片右侧槽沟撬开一些空间，左右反复几次就能将芯片拆下，而不使芯片管脚变形。切忌用手直接从面包板上拔芯片，易将芯片管脚捏变形、变弯或折断，影响正常使用。如果用两只镊子在芯片两侧同时撬动芯片就能更容易取下芯片。

附图 1-31　单芯铜导线

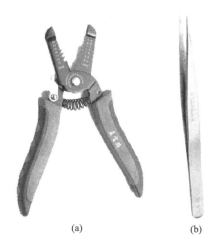

(a)　　　　　　　(b)

附图 1-32　剥线钳、镊子

四、数字电路实验模块的使用方法介绍

在数字电子技术实验课程中，主要用到数字电路实验模块中的 LED 灯和逻辑电平开关，其在模块中位置如附图 1-33 所示。

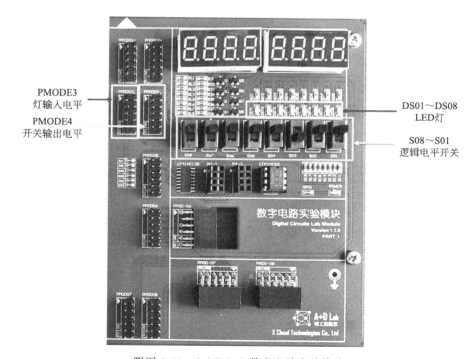

PMODE3
灯输入电平

PMODE4
开关输出电平

DS01～DS08
LED灯

S08～S01
逻辑电平开关

附图 1-33　A＋D Lab 数字电路实验模块

逻辑电平开关、LED 灯及 PMODE3、PMODE4 在电路板内部互相连接，其原理图如附图 1-34 所示。

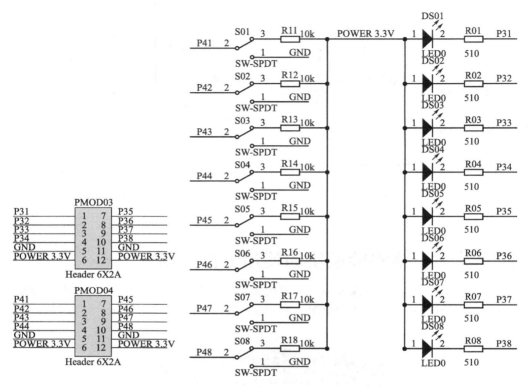

附图 1-34　A＋D Lab 数字电路实验模块部分电路原理图

由原理图可知，实验中在使用逻辑电平开关时，PMODE4 上的 5、6、11、12 针应至少有一对电源（POWER）和地（GND）接入电路，1～8 针分别对应逻辑电平开关 S01～S08，当某逻辑电平开关置"上"位置时，PMODE4 对应针上输出低电平（约 0V），当某逻辑电平开关置"下"位置时，PMODE4 对应针上输出高电平（约等于电源电压）。实验中在使用 LED 灯时，PMODE3 上的 5、6、11、12 针应至少有一对电源（POWER）和地（GND）接入电路，1～8 针分别对应 LED 灯 DS01～DS08，当 PMODE3 某针上输入低电平（约 0V）时，对应的 LED 灯亮，当 PMODE3 某针上输入高电平（约等于电源电压）时，对应的 LED 灯灭。

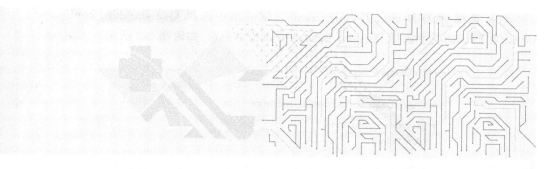

附录二 Multisim使用简介

Multisim 是以 Windows 为基础的 SPICE 仿真工具，适用于板级的模拟/数字电路板的设计工作。它包含了电路原理图的图形输入、电路硬件描述语言输入方式，具有强大的仿真分析能力。

一、创建 PLD 设计并进行验证

（1）打开 Multisim，在软件上方工具栏中，选择 File->New，软件弹出如附图 2-1 所示的对话框。

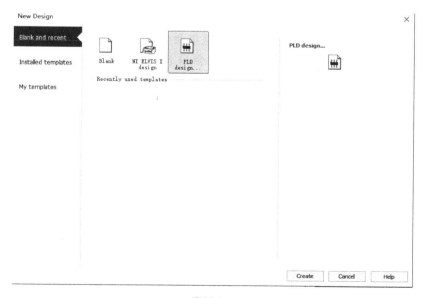

附图 2-1

（2）选择 PLD Design 并点击 Create，第一步中选择 Use standard configuration，在默认选项中选择 Digilent Basys3 并点击 Next。如附图 2-2 所示。

附图 2-2

第二步中需要设置新建的设计名称，这里命名为 Basys3-test。由于已经设置好了板卡为 Basys3，PLD part number 中会自动加载 Basys3 板卡 FPGA 芯片 XC7A35T，完成后点击 Next 进入下一步。如附图 2-3 所示。

（3）第三步中需要设置 PLD 设计的输入输出引脚，编写一个简单的测试程序。由两个开关作为输入，进行与计算，使用一个 LED 作为输出显示。管脚电压保持默认设置，下方的 Select the defined connectors to place on the PLD 选项中，软件罗列出 Basys3 板载的所有输入输出口。请选中 LED0、SW0、SW1 三项，其中 SW0、SW1 为输入，LED0 为输出，软件自动设置，不可更改输入输出方向。完成后点击 Finish。如附图 2-4 所示。

（4）完成设置后，软件自动打开新建的设计，左侧为设计管理栏，右侧为设计面板，可以看到已经有 SW0、SW1 两个输入，LED0 一个输出端口。如附图 2-5 所示。

（5）在设计中添加逻辑门。在设计窗口中点击鼠标右键，选择 Place component，或者在上面工具栏中选择 Place->component。在弹出的器件选择窗口，左

New PLD Design - Step 2 of 3　　　　　　　　　　　　　　×

PLD design name:

Basys3-test

PLD part number:

XC7A35T　　　　　　　　　　　　　　　　　　　　　　∨

　　< Back　　　Next >　　　Finish　　　Cancel　　　Help

附图 2-3

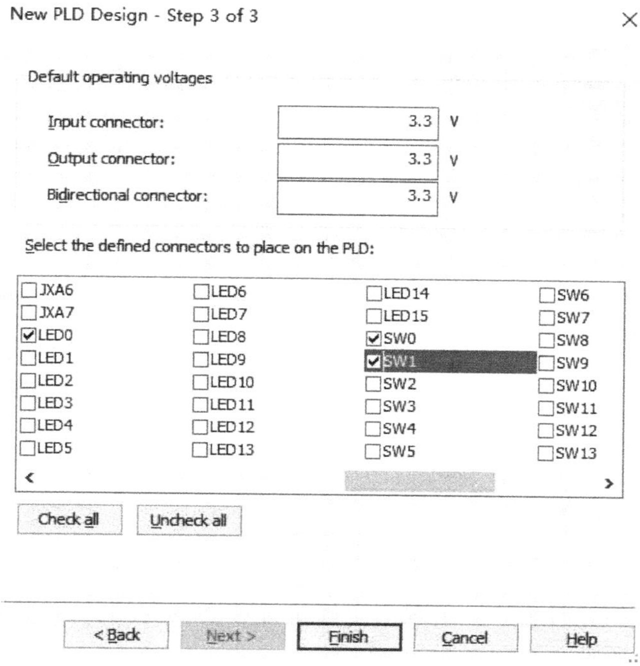

New PLD Design - Step 3 of 3　　　　　　　　　　　　　×

Default operating voltages

Input connector:　　　　　　　　3.3　V

Output connector:　　　　　　　3.3　V

Bidirectional connector:　　　　3.3　V

Select the defined connectors to place on the PLD:

☐JXA6	☐LED6	☐LED14	☐SW6
☐JXA7	☐LED7	☐LED15	☐SW7
☑LED0	☐LED8	☑SW0	☐SW8
☐LED1	☐LED9	☑SW1	☐SW9
☐LED2	☐LED10	☐SW2	☐SW10
☐LED3	☐LED11	☐SW3	☐SW11
☐LED4	☐LED12	☐SW4	☐SW12
☐LED5	☐LED13	☐SW5	☐SW13

<　　　　　　　　　　　　　　　　　　　　　　>

Check all　　Uncheck all

　　< Back　　　Next >　　　Finish　　　Cancel　　　Help

附图 2-4

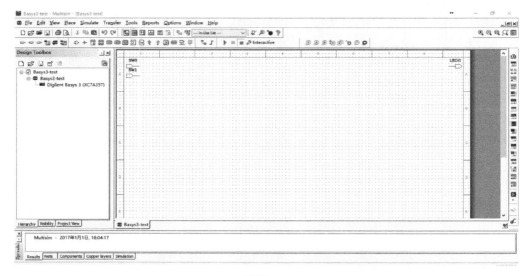

附图 2-5

侧 Family 中选择 LOGIC ＿ GATES，中间 Component 窗口选择 AND2 双输入与门，点击 OK。如附图 2-6 所示。

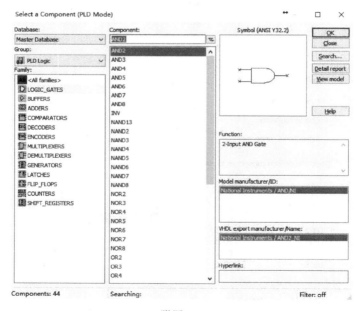

附图 2-6

软件自动回到设计窗口，出现一个随鼠标移动的与门，点击鼠标左键进行放置。如附图 2-7 所示。

此时，可以开始进行连线操作，将输入输出端口和与门放置到相近的位置。鼠

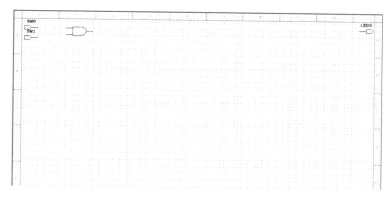

附图 2-7

标放置在引脚上时自动变成黑色十字，即可进行连线，点击鼠标左键完成连线。完成后的连线显示为红色。如附图 2-8 所示。

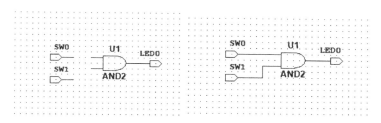

附图 2-8

如果在设计中还需要添加其他的引脚，可以点击软件上方工具栏中的 [□▫◦▯▯▯] 可以分别添加输入输出引脚。如附图 2-9 所示。

（6）将设计导出到 FPGA 中。在 Multi-sim 中，从 PLD 原理图导出到数字逻辑有三个选项：

■ Programming the connected PLD 可以直接将设计导出并部署到 FPGA。

■ Generate and save a programming file 可以生成 bit 文件用于其他工具进行下载。

■ Generate and save the VHDL 这个选项会导出 VHDL 网络，可以直接查看。

这里请使用直接导出方式。

① 点击软件上方选项中的 Transfer->Export to PLD。

② 选择 Program the connected PLD 并点击 Next，如附图 2-10 所示。

附图 2-9

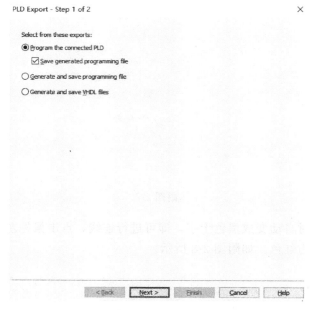

附图 2-10

③ 选择下载工具，由于使用的是 Basys3 板卡，必须选择 Xilinx Vivado 作为下载工具。安装有多个 Vivado 时，选择一个即可。在 Programming File 中选择下载文件的存储路径。PLD part number 保持默认。如附图 2-11 所示。

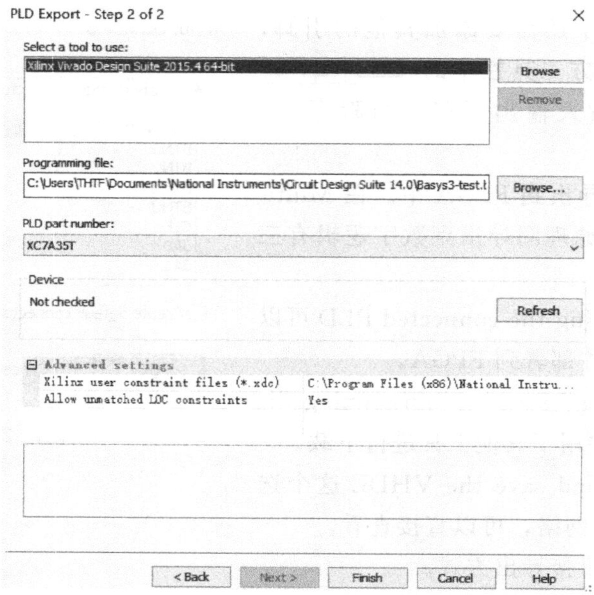

附图 2-11

④ 此时将 Digilent Basys3 板卡插入电脑，并打开板卡电源开关，点击 Device 下的 Refresh 按钮，稍等片刻，软件即可识别出设备，如附图 2-12 所示。

附图 2-12

⑤ 点击 Finish 软件会调用 Xilinx Vivado 对程序编译、综合生成 bit 文件并下载。如附图 2-13 所示。

附图 2-13

⑥ 下载完成后，在 Basys3 板卡上进行实验。只有 SW0 与 SW1 均置 1 时，LED0 才会点亮。

二、组合逻辑之数字逻辑化简

1. 仿真

（1）使用 Multisim 新建原理图，不用建立 PLD 设计，画出如附图 2-14 所示的原理图。

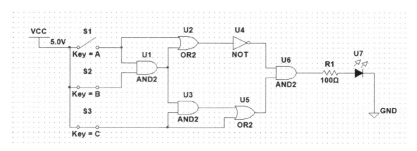

附图 2-14

其中 AND2、OR2、NOT2 均位于 Misc Digital Group 下的 TTL Family，如附图 2-15 所示。

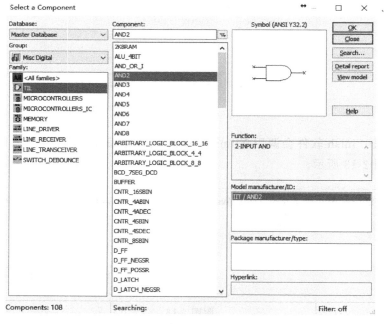

附图 2-15

其他元器件位置如附图 2-16 所示。

（2）原理图编辑完成后，点击上方工具栏中的开始仿真按钮。如附图 2-17 所示，在仿真过程中可以实时切换开关的状态观察 LED 灯的输出。

（3）请使用 Logic converter 生成真值表并化简逻辑电路，其位置位于右侧工具栏，如附图 2-18 所示。

连线方式如附图 2-19 所示。

TTL Supply	Switch	Resistor
Quantity-1	Quantity-2	Quantity-1
Database:Master Database **Group**:Sources **Family**:POWER_SOURCES **Component**:VCC	**Database**:Master Database **Group**:Basic **Family**:SWITCH **Component**:DIPSW1	**Database**:Master Database **Group**:Basic **Family**:RESISTOR **Component**:100

LED	Digital Ground
Quantity-1	Quantity-1
Database:Master Database **Group**:Basic **Family**:RATED_VIRTUAL **Component**:LED_GREEN_RATED	**Database**:Master Database **Group**:Sources **Family**:POWER SOURCES **Component**:DGND

附图 2-16

附图 2-17

附图 2-18

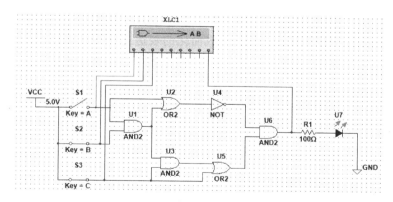

附图 2-19

（4）双击 Logic converter 打开设置窗口，点击 Conversions 下第一项即可生成对应的真值表，如附图 2-20 所示。

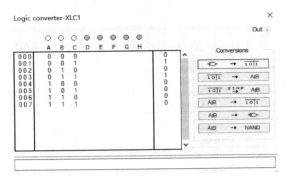

附图 2-20

点击 Conversions 下第二项即可生成真值表达式。如附图 2-21 所示，这个电路的真值表达式为：

$$\overline{A}\,\overline{B}C+\overline{A}BC$$

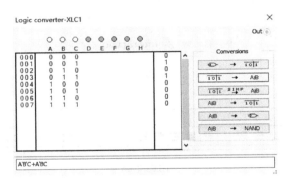

附图 2-21

点击 Conversions 下第三项可以生成简化的表达式：$\overline{A}C$。如附图 2-22 所示。

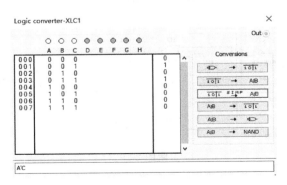

附图 2-22

点击 conversions 下第五项软件可以将简化后的表达式转换成原理图上的电路符号。如附图 2-23 所示。

2. 导出到硬件

（1）新建一个 PLD 设计。

（2）绘制如附图 2-24 所示的原理图，用来验证简化后的逻辑关系与未简化时一致，采用 SW 作为信号输入，LED 作为输出。

（3）导出到 Basys3 板卡验证效果，只有 A 为低电平，C 为高电平时 LED 被点亮。

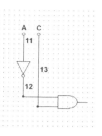

附图 2-23

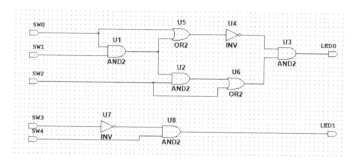

附图 2-24

三、组合逻辑之数值比较器

1. 建立电路

当两个输入相等时，同或（XNOR）门输出高电平，所以它可以作为一个基本的比较器。如附图 2-25 所示。这里使用 Multisim 的 Logic converter 获得同或门的真值表。如附图 2-26 所示。

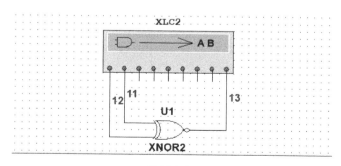

附图 2-25

为了比较 2 位二进制数，利用两个同或门与一个与门进行搭建，如附图 2-27 所

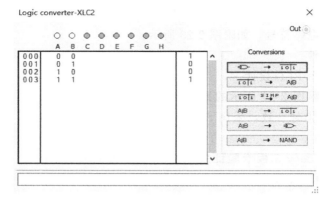

附图 2-26

示，一个同或门比较 2 位数的低位，一个比较高位，列出它的真值表如附图 2-28 所示。

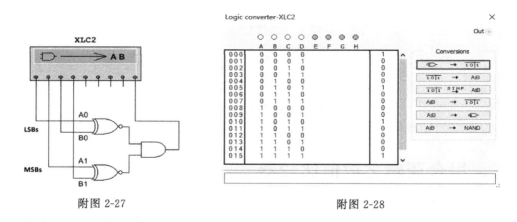

附图 2-27

附图 2-28

对于 4 位二进制数，可以用相同的方法，用 4 个同或门与 1 个与门实现。如附图 2-29 所示。

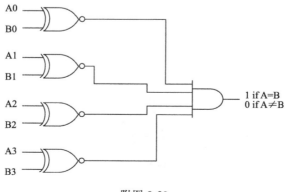

附图 2-29

2. 仿真

（1）新建一个空工程，选择 place->New subcircuit 添加 PLD 子电路，选择 Digilent Basys3 板卡并命名为 Comparator。

（2）添加输入输出端口，如附图 2-30 所示，这里需要添加 SW0 到 SW7 与 LED0。其中 SW0-SW3 代表 A0～A3，SW4～SW7 代表 B0～B3，LED0 代表比较器输出。

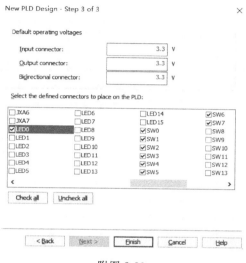

附图 2-30

（3）添加子电路外部器件（附表 2-1），完成顶层原理图设计（附图 2-31）。

附表 2-1

Component	Group	Family
VCC	Sources	POWER_SOURCES
DSWPK_8	Basic	SWITCH
PROBE_ORANGE	Indicators	PROBE

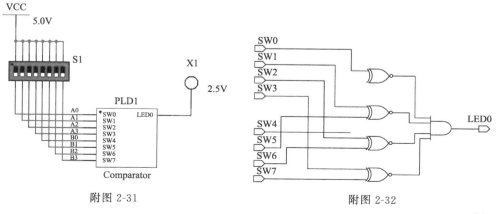

附图 2-31　　　　　　　　　　　　　　　　附图 2-32

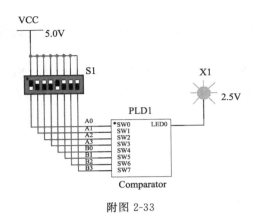

附图 2-33

（4）双击 Comparator 子电路，进行如附图 2-32 所示的逻辑电路的设计。

（5）回到顶层原理图，按如附图 2-33 所示的方式设置开关，运行仿真，可以发现 X1 呈现橙色，表明 Comparator 子模块输出高电平。

3. 硬件实现

打开子原理图，导出到 PLD，即可将设计下载到 Basys3 板卡中。将 SW3 与 SW7 置高，其他开关置低，可以观察到 LED0 被点亮。

附录三　Vivado使用简介

Vivado 包括高度集成的设计环境和新一代从系统到 IC 级的工具，是一个基于 AMBA AXI4 互联规范、IP-XACT IP 封装元数据、工具命令语言（TCL）、Synopsys 系统约束（SDC）以及其他有助于根据客户需求量身定制设计流程并符合业界标准的开放式环境。

一、数字钟设计

1. 创建新工程

打开 Vivado2015.4 设计开发软件，选择 Create New Project，如附图 3-1 所示。

附图 3-1

在弹出的创建新工程的界面中，点击 Next，开始创建新工程。如附图 3-2 所示。

附图 3-2

在 Project Name 界面中，将工程名称修改为 Digital _ Clock，并设置好工程存放路径（注意：工程名和工程路径名尽量不要出现中文或者空格，否则可能导致最后综合验证和实现时出错）。同时勾选上创建工程子目录的选项。这样，整个工程文件都将存放在创建的 Digital _ Clock 子目录中。点击 Next。如附图 3-3 所示。

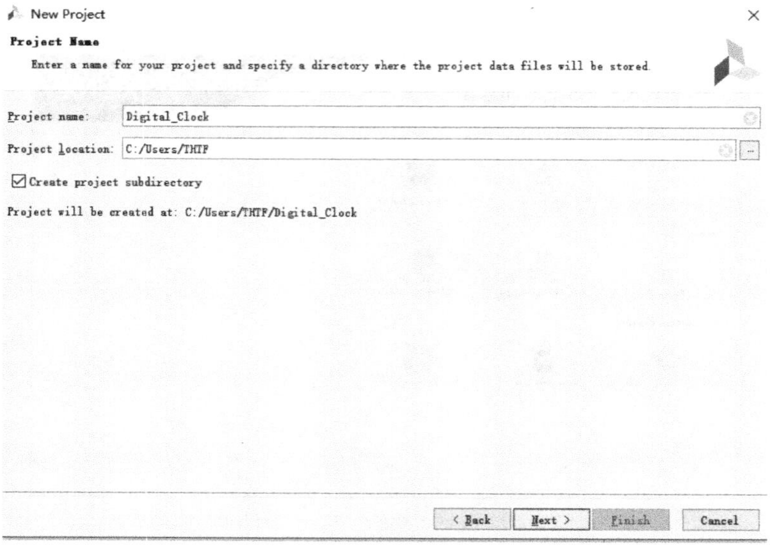

附图 3-3

在选择工程类型的界面中，选择 RTL 工程。由于本工程无需创建源文件，故将 Do not specify sources at this time（不指定添加源文件）勾选上。点击 Next。如附图 3-4 所示。

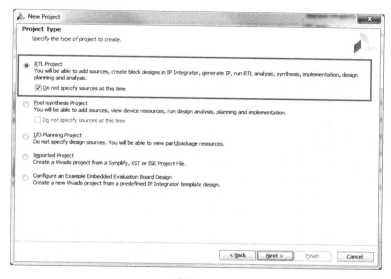

附图 3-4

在器件板卡选型界面中，在 Search 栏中输入 xc7a35tcpg236 搜索本次实验所使用的 Basys3 板卡上的 FPGA 芯片。并选择 xc7a35tcpg236-1 器件。（器件命名规则详见 Xilinx 官方文档）点击 Next。如附图 3-5 所示。

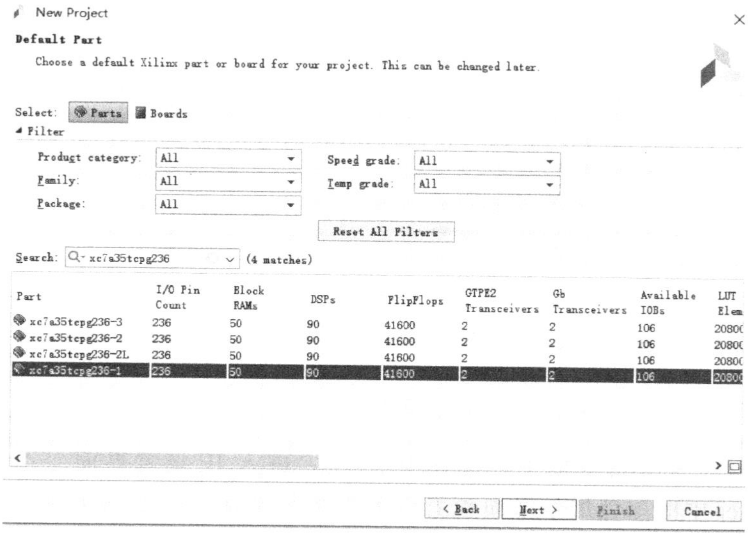

附图 3-5

最后在新工程总结中，检查工程创建是否有误。没有问题，点击 Finish，完成新工程的创建。

2. 添加已设计好的 IPcore

工程建立完毕，我们需要将 Digital _ Clock 这个工程所需的 IP 目录文件夹复制到本工程文件夹下。本工程需要两个 IP 目录：74LSXX _ LIB 与 Interface。74LSXX _ LIB 和 Interface 都位于 E：\ Basys3Lab 下。

添加完后的本工程文件夹如附图 3-6 所示。

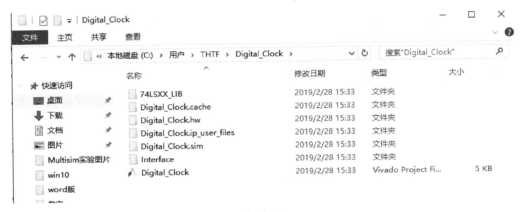

附图 3-6

在 Vivado 设计界面的左侧设计向导栏中，点击 Project Manager 目录下的 Project Setting。如附图 3-7 所示。

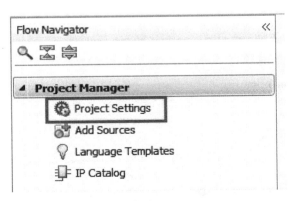

附图 3-7

在 Project Setting 界面中，选择 IP 选项，进入 IP 设置界面。点击 Respository Manager 中的绿色加号添加本工程文件夹下的 IP _ Catalog 目录。如附图 3-8 所示。

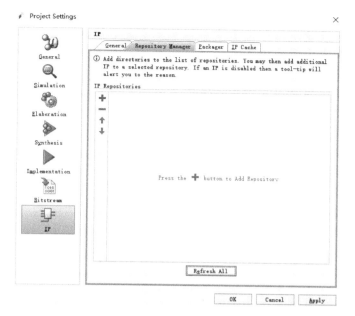

附图 3-8

　　完成目录添加后，可以看到所需 IP 已经自动添加。点击 OK 完成 IP 添加。如附图 3-9 所示。

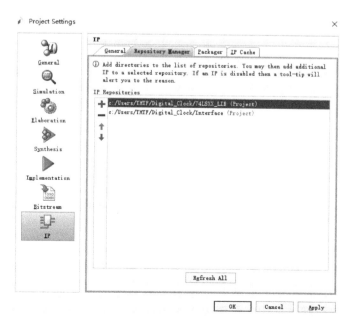

附图 3-9

3. 创建原理图，添加 IP，进行原理图设计

在 Project Navigator 下的 IP Integrator 目录下，点击 Create Block Design，创建原理图。如附图 3-10 所示。

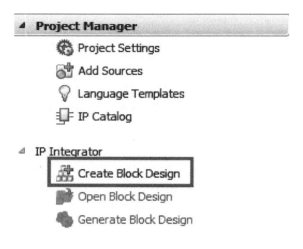

附图 3-10

在弹出的创建原理图界面中，保持默认。点击 OK 完成创建。如附图 3-11 所示。

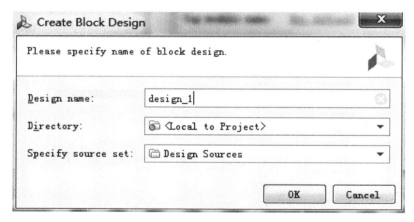

附图 3-11

在原理图设计界面中，添加 IP 的方式有 3 种。①在设计刚开始时，原理图界面的最上方有相关提示，可以点击 Add IP，进行添加 IP。②在原理图设计界面的左侧，有相应快捷键。③在原理图界面中，鼠标右击选择 Add IP。如附图 3-12 所示。

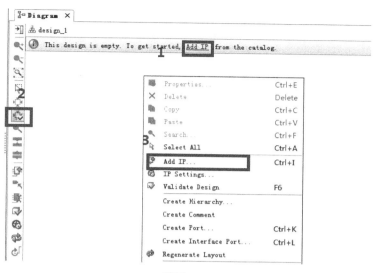

附图 3-12

在 IP 选择框中，输入 74ls90，搜索本实验所需要的 IP。如附图 3-13 所示。

附图 3-13

按 Enter 键，或者鼠标双击该 IP，可以完成添加。系统需要 4 个 74ls90 ip。因此继续添加 3 个 74ls90，如附图 3-14 所示。

继续搜索并添加以下 IP 各 1 个：74ls08、seg7decimal、clk_div。添加后的 diagram 界面如附图 3-15 所示。

添加一个 clock ip。在 Add IP 中搜索 clock，双击 clocking wizard ip 完成添加。然后双击 IP 进入配置界面，设置输出时钟为两路 100MHz 输出，如附图 3-16 所示。

电子技术实验（数字部分）

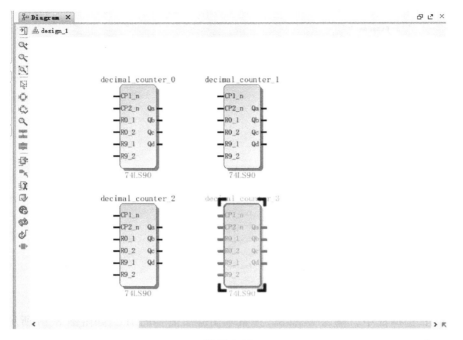

附图 3-14

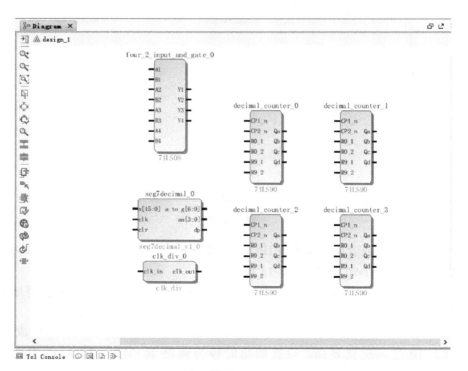

附图 3-15

108

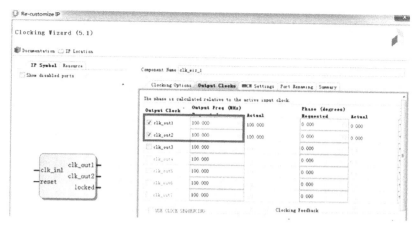

附图 3-16

并在 Output clock 界面下方，勾选 reset 和 locked，点击 ok 完成 clock ip 配置。如附图 3-17 所示。

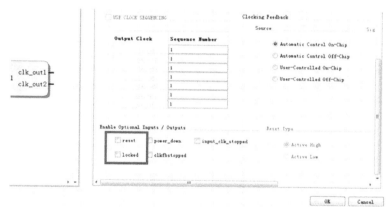

附图 3-17

再添加一个 concat ip。在 Add IP 中搜索 concat，双击 concat ip 完成添加。然后双击 IP 进入配置界面，设置 Number of ports 为 16（如附图 3-18 所示），然后点击 OK。

同理再添加一个 8 输入的 concat IP 核。至此 IP 添加完成。Diagram 界面如附图 3-19 所示。

添加完 IP 后，进行端口设置和连线操作。连线时，将鼠标移至 IP 引脚附近，鼠标图案变成铅笔状。此时，点击鼠标左键进行拖拽。Vivado 会提醒用户可以与该引脚相连的引脚或端口。

创建端口有两种方式。

① 当需要创建与外界相连的端口时，可以右击选择 "Create Port..."，设置

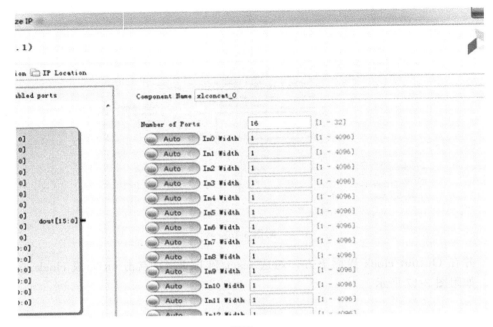

附图 3-18

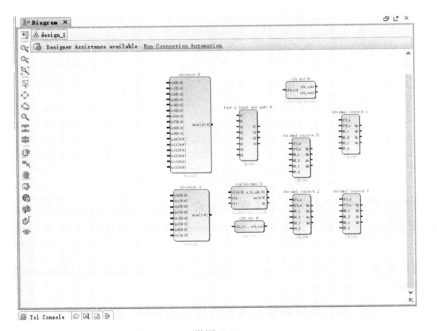

附图 3-19

端口名称、方向以及类型。如附图 3-20 所示。

②点击选中 IP 的某一引脚，右击选择"Make External..."可自动创建与引

脚同名，同方向的端口。如附图 3-21 所示。

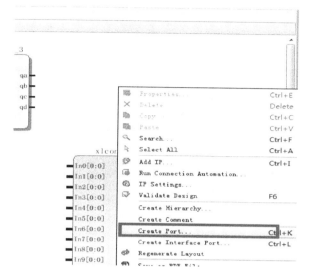

附图 3-20

附图 3-21

　　如附图 3-22 所示，将 seg7decimal ip 的 clr、a _ to _ g、an、dp 这 4 个引脚，以及 clock ip 的 clk _ in1 引脚，以及任意一个 74ls90 ip 的 r9 _ 1 引脚 make external，通过点击端口，可以在 External Port Properties 修改端口名字，如附图 3-23 所示。我们将 a _ to _ g 端口名字修改为 seg，然后按回车完成修改。同样的方式修改 r9 _ 1 为 GND，clk _ in1 为 clk。

　　按照附图 3-24 进行连线。

　　完成原理图设计后，生成顶层文件。

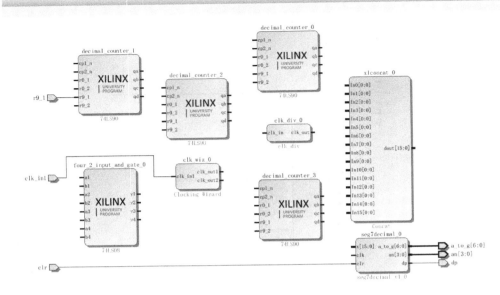

附图 3-22

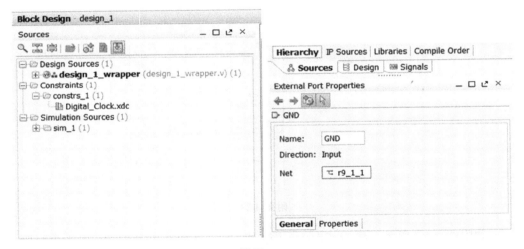

附图 3-23

在 Source 界面中右击 design＿1，选择"Generate Output Products..."，如附图 3-25 所示。

在生成输出文件的界面中点击 Generate，如附图 3-26 所示。

生成完输出文件后，再次右击 design＿1，选择"Create HDL Wrapper"，创建 HDL 代码文件。对原理图文件进行实例化。如附图 3-27 所示。

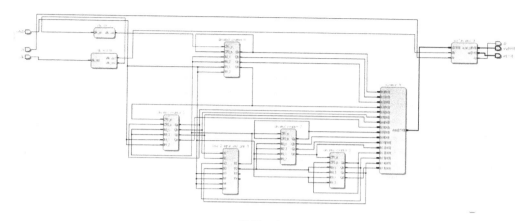

附图 3-24

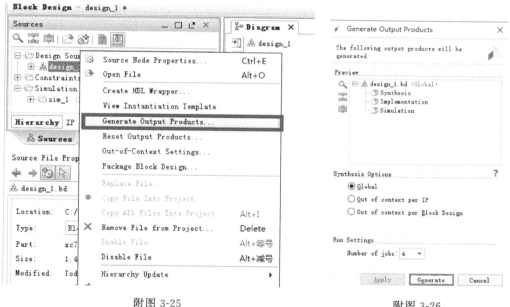

附图 3-25　　　　　　　　　　　　　附图 3-26

　　在创建 HDL 文件的界面中，保持默认选项，点击 OK，完成 HDL 文件的创建。如附图 3-28 所示。

　　至此，原理图设计已经完成。

4. 对工程添加引脚约束文件

　　点击 Project Manager 目录下的 Add Source。选择添加约束文件。点击 next。如附图 3-29 所示。

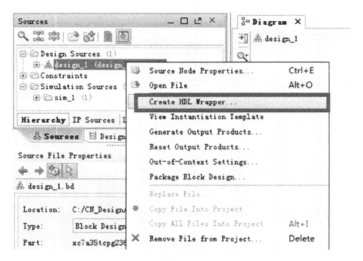

附图 3-27

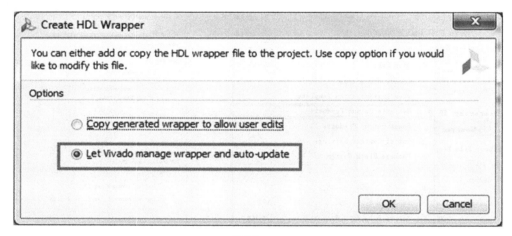

附图 3-28

点击 Add Files，进行文件添加。找到本工程所需约束文件的所在路径（约束文件位于 E：\Basys3Lab 下），点击 OK 进行添加。注意，要勾选 Copy constraints files into project。如附图 3-30 所示。

点击 Finish，完成约束文件添加。

5. 综合、实现、生成 bitstream

进行综合验证，如附图 3-31 所示。

完成综合验证后，选择 Run Implementation，进行工程实现。如附图 3-32 所示。

附图 3-29

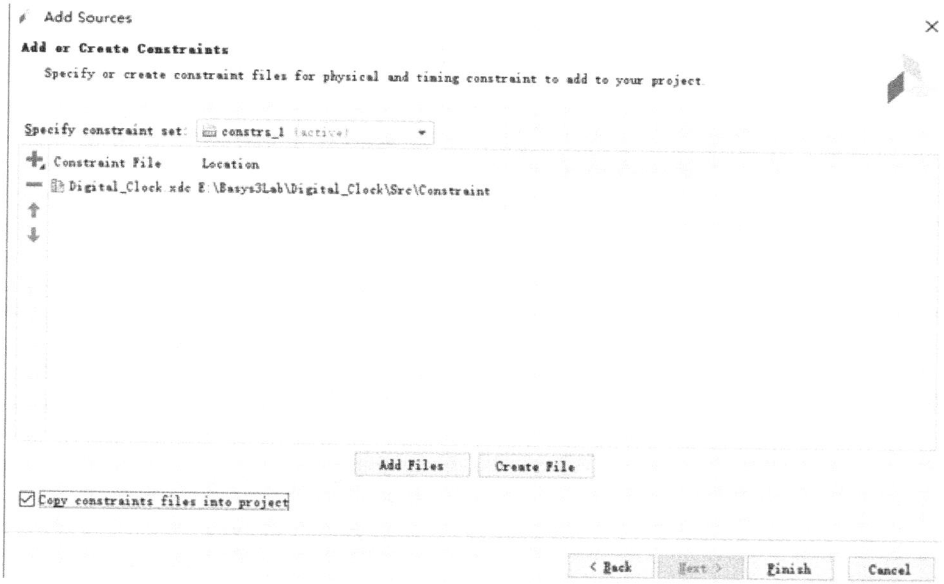

附图 3-30

　　工程实现完成后，选择 Generate Bitstream，生成编译文件。如附图 3-33 所示。

　　生成编译文件后，选择 Open Hardware Manager，打开硬件管理器。进行板级验证。如附图 3-34 所示。

附图 3-31

附图 3-32

附图 3-33

附图 3-34

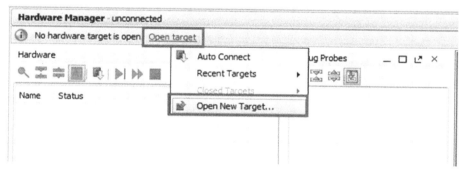

附图 3-35

打开目标器件，点击 Open target。如果初次连接板卡，选择 Open New Target，如附图 3-35 所示。如果之前连接过板卡，可以选择 Recent Targets，在其列表中选择相应板卡。

在打开的新硬件目标界面中，点击 Next 进行创建。选择 Local server，点击 Next。如附图 3-36 所示。

点击 Next，再点击 Finish，完成创建。如附图 3-37 所示。

下载.bit 文件。点击 Hardware Manager 上方提示语句中的 Program device 选择目标器件。如附图 3-38 所示。

检查弹出框中所选中的.bit 文件，然后点击 Program 进行下载，进行板级验证。如附图 3-39 所示。

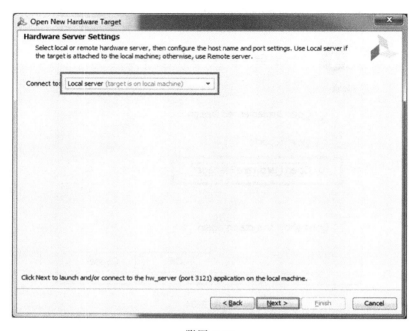

附图 3-36

附图 3-37

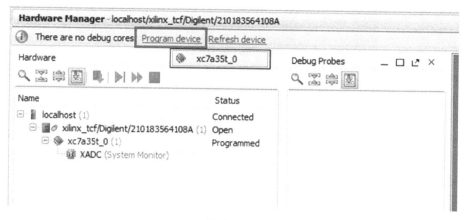

附图 3-38

附图 3-39

二、IP 封装实验

1. GUI 方式封装 IP

首先，创建新工程。打开 Vivado，点击 Create New Project。如附图 3-40 所示。

点击 Next，开始工程创建。修改工程名称和工程存放路径，同时确保 Create Project Subdirectory 选项被勾选。如附图 3-41 所示。

点击 Next，选择工程类型。选择 RTL Project，同时勾选上 Do not specify sources at this time，简化工程创建过程。如附图 3-42 所示。

点击 Next，进行器件选型或板卡选择。在搜索框中输入 "xc7a35tcpg"，在列表中选择最后一项。

点击 Next，查看工程创建概要。如附图 3-43 所示。

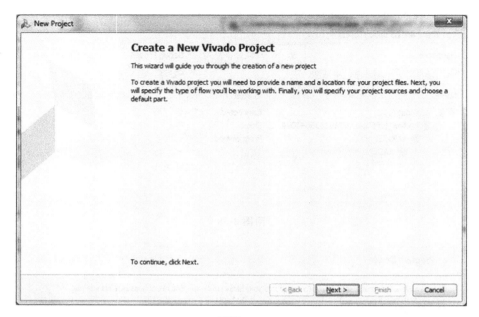

附图 3-40

附图 3-41

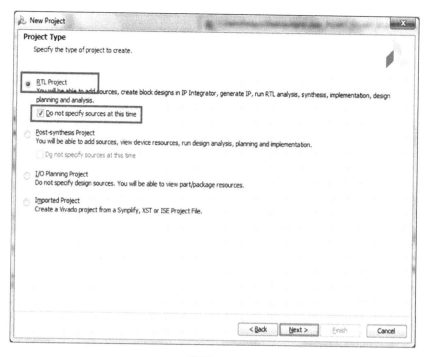

附图 3-42

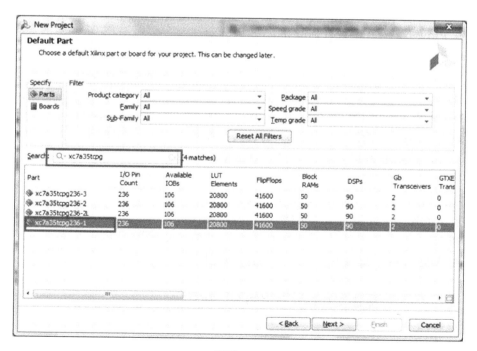

附图 3-43

点击 Finish，完成项目的创建。如附图 3-44 所示。

附图 3-44

其次，创建或者添加设计文件。

在 Flow Navigator 设计向导中，在 Project Manager 列表下点击 Add Sources。如附图 3-45 所示。

在 Add Sources 窗口中，选择 Add or Create Design Sources 选项。

点击 Next。如附图 3-46 所示。若已经存在设计文件，则点击 Add Files。否则，点击 Create File。如附图 3-47 所示。

在弹出的 Create Source File 中，设置文件名，点击 OK，完成设计文件的添加。如附图 3-48 所示。

在 Add Source 窗口下已显示刚创建的设计文件。

点击 Finish，完成文件创建或者添加。如附图 3-49 所示。

在弹出的 Define Modules 窗口中，点击 OK。如附图 3-50 所示。

附图 3-45

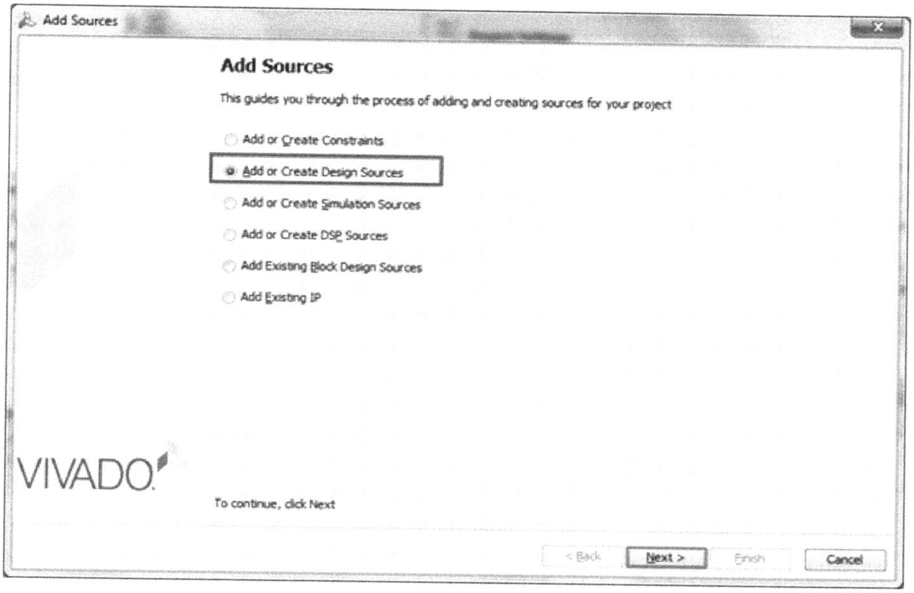

附图 3-46

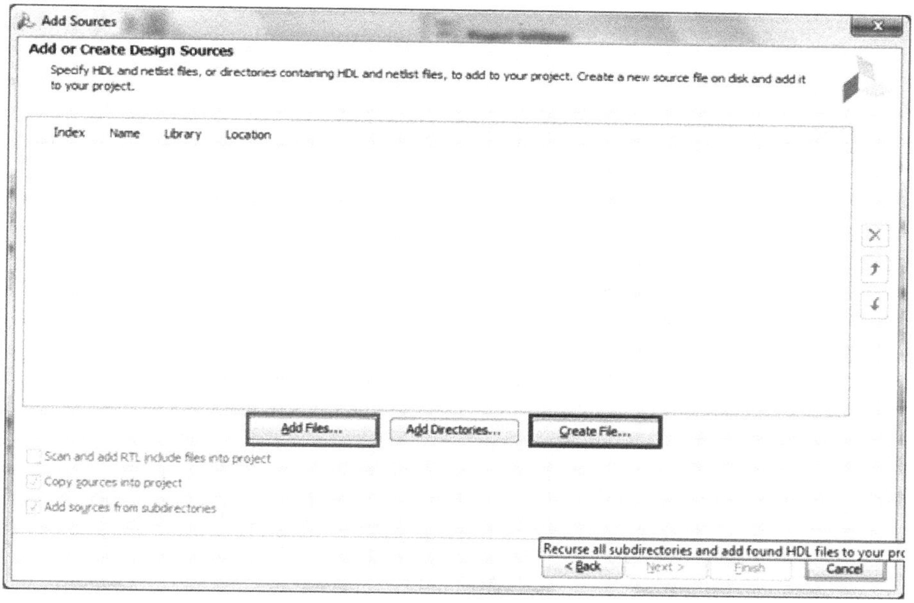

附图 3-47

在弹窗中直接点击 YES。如附图 3-51 所示。

双击 Source 窗口下的 Verilog 文件，如附图 3-52 所示，进行模块设计。添加如附图 3-53 所示的代码。

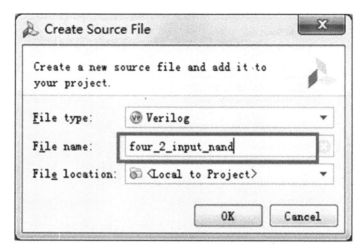

附图 3-48

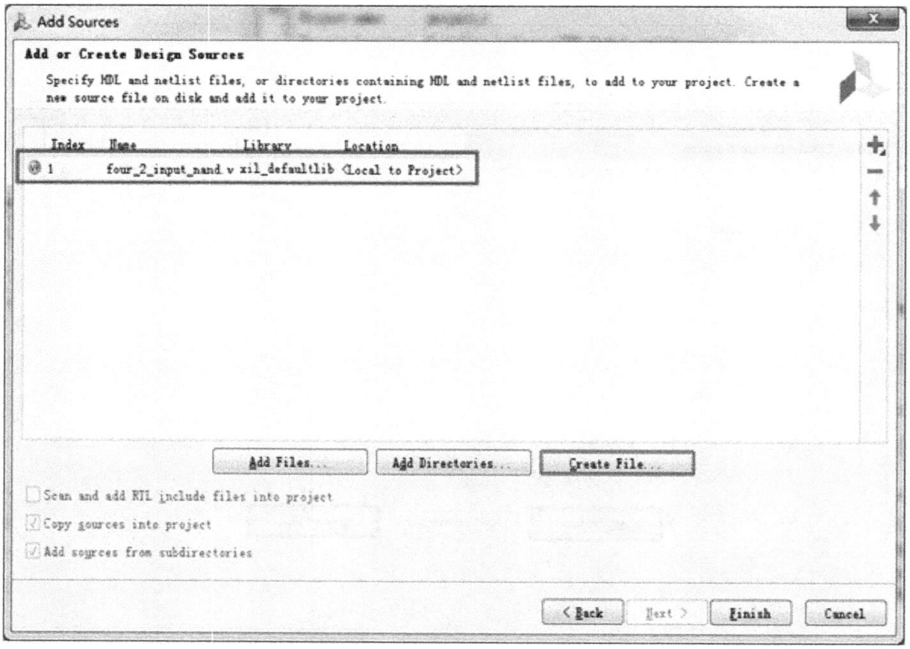

附图 3-49

完成设计后，进行综合设计，验证设计的正确性。

在 Flow Navigator 设计向导中，点击 Sythesis 列表下的 Run Sythesis。如附图 3-54 所示。

在设计无误情况下，Vivado 弹出 Sythesis Completed 窗口。

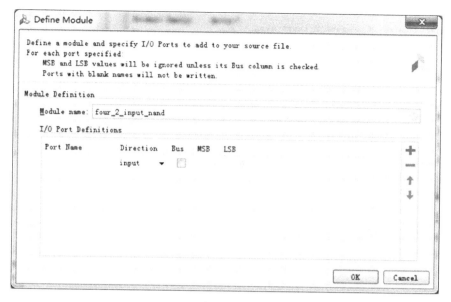

附图 3-50

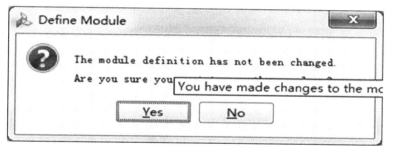

附图 3-51

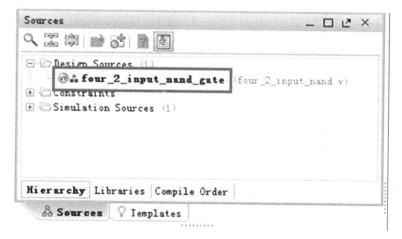

附图 3-52

```
Σ Project Summary  ×   ⊕ four_2_input_nand.v  ×
E:/xilinx_workspace/IPI_Symbol_test/project_1/project_1.srcs/sources_1/new/four_2_input_nand.v
1  `timescale 1ns / 1ps
2  /////////////////////////////////////////////////////////////
3  // Module Name: four_2_input_nand_gate
4  // Description: Four 2-input NAND gate with DELAY configuration parameter
5  // Parameters: DELAY
6  /////////////////////////////////////////////////////////////
7
8  module four_2_input_nand_gate #(parameter DELAY = 10)(
9      input wire a1, b1, a2, b2, a3, b3, a4, b4,
10     output wire y1, y2, y3, y4
11     );
12
13     nand #DELAY (y1, a1, b1);
14     nand #DELAY (y2, a2, b2);
15     nand #DELAY (y3, a3, b3);
16     nand #DELAY (y4, a4, b4);
17
18 endmodule
19
```

附图 3-53

点击 Cancel。如附图 3-55 所示。

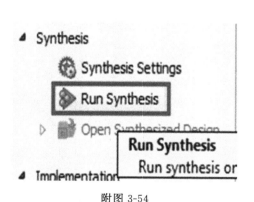

附图 3-54

附图 3-55

再次，进行 IP 封装。点击 Vivado 主界面的菜单栏中的 Tools 选项。选择 Create and Package IP...选项。如附图 3-56 所示。

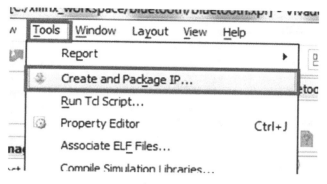

附图 3-56

　　在 Create and Package New IP 窗口中，连续点击 Next，最后点击 Finish。如附图 3-57 所示。

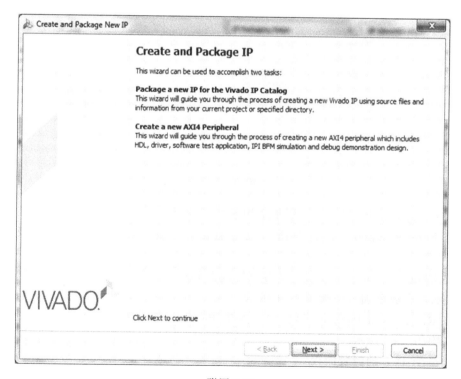

附图 3-57

　　在 Package IP 弹窗中，点击 OK。如附图 3-58 所示。
　　查看 Package IP 界面。

附图 3-58

根据需求修改相关参数。如附图 3-59 所示。

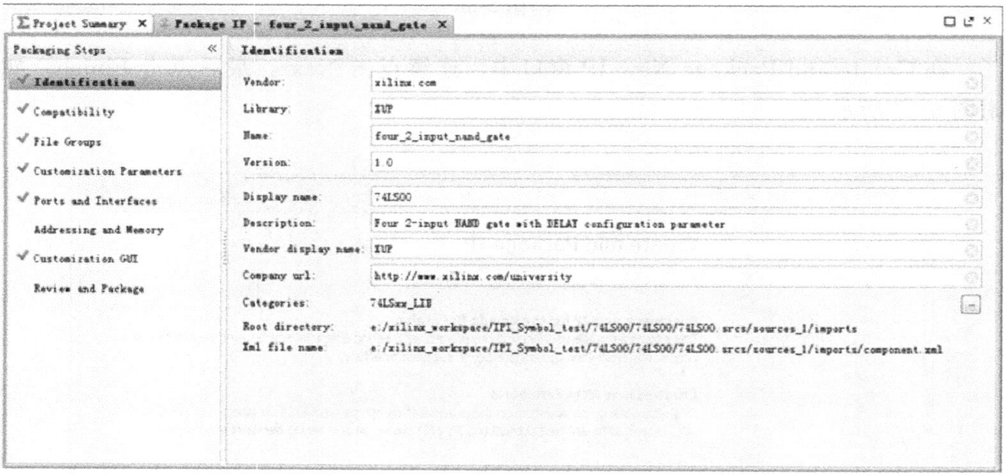

附图 3-59

在 Compatibility 界面中，添加适用器件。

在 Family Support 界面中任意位置右击，选择 Add Family。如附图 3-60 所示。

在 Choose Family Support 界面中勾选上 artix7，kintex7，virtex7 以及 zynq。点击 OK，完成添加。如附图 3-61 所示。

在 Review and Package 界面中，点击 Package IP，完成 74LS00 IPcore 的封装。如附图 3-62 所示。

2. 基于 TCL 的封装流程

打开 Vivado，点击界面左下方的 TCL Console。如附图 3-63 所示。

Vivado 会弹出 TCL 命令行界面，如附图 3-64 所示。

在 TCL Console 的输入栏中输入相关 TCL 指令完成设计。

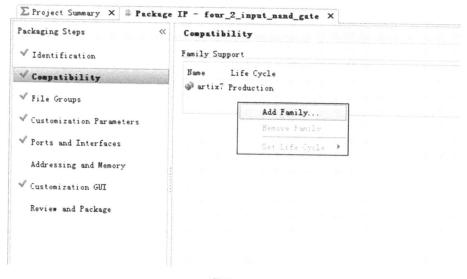

附图 3-60

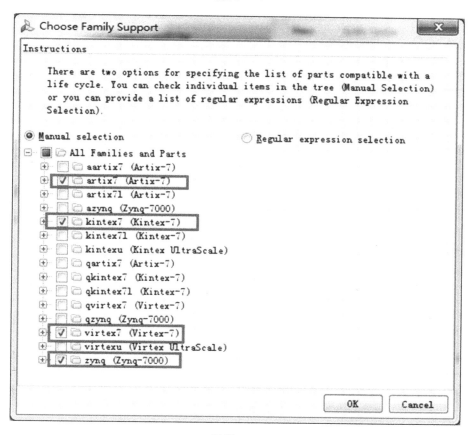

附图 3-61

电子技术实验（数字部分）

附图 3-62

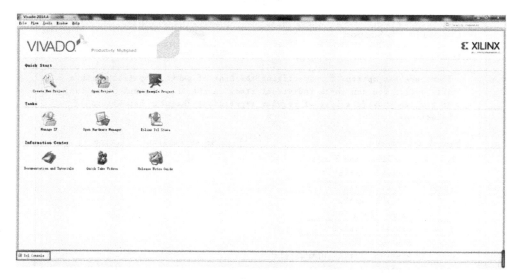

附图 3-63

附图 3-64

依次输入如下命令，即可完成 74LS00 IP 的封装。（注意：以下命令中路径"/"的方向）

（1）cd e：/IP_Package　进入到工作目录，在这个工作目录中包含封装 IP 所需要的源文件。

（2）set ip_name 74LS00　设置 IP 名称。

（3）set source_files four_2_input_nand. v　设置源文件名称。

（4）set description "Four 2-input NAND gate with DELAY configuration parameter"　对 IP 进行功能描述。

（5）set readme_file readme. txt　添加 readme 文件。

（6）set logo_file xup_IPI. png　添加 LOGO 文件。

（7）source. /package_ip. tcl　运行工作目录下的 TCL 脚本文件，进行 IP 封装。

附录四 RIGOL DG4000系列
信号发生器的使用简介

信号发生器，通常被称为信号源。在研发、生产、使用、测试和维修各种电子元器件、部件及整机设备时，都需要信号源提供激励信号，由它产生不同频率、不同波形的电压和电流信号，并加到被测器件、设备上，然后通过其他设备观测其输出响应。

DG4000系列信号发生器可以生成各种标准波形，如正弦波、方波、锯齿波、脉冲波等；还可以根据编辑的波表产生需要的任意波；此外还可以产生基本调制信号、扫频信号和脉冲串信号。

DG4000系列信号发生器面板及各功能键如附图4-1所示。

下面我们仅就电子实验课常用到的功能进行简单介绍。

信号发生器下侧有四个输出端，分别是两个通道（CH1、CH2）的模拟信号输出端（Output）和数字脉冲信号输出端（Sync）。

如果需要输出数字脉冲信号，必须从1通道或2通道的Sync端输出。

（1）数字脉冲信号波形已经固定，因此不需要在波形选择区选择波形。

（2）数字脉冲信号幅值已经固定，因此不需要确定幅值。

（3）只需要确定数字脉冲信号的频率：通过CH1/CH2通道切换键选中CH1或CH2，按下屏幕右侧菜单中频率选项所对应的按键，从而选中频率设置选项，通过数字键盘输入要设置的频率数值，在屏幕右侧出现的单位中选择频率单位。

注意：无论从哪个输出端输出数字脉冲信号，通道控制区相对应的Output键都应按下（灯亮），否则，输出端没有输出信号。

如果需要输出正弦波、方波、锯齿波（包括三角波）等模拟信号，必须从1通道或2通道的Output端输出。

（1）通过CH1/CH2通道切换键选中CH1或CH2，在波形选择区选择波形。

（2）按下屏幕右侧菜单中频率选项所对应的按键，从而选中频率设置选项，通过数字键盘输入要设置的频率数值，在屏幕右侧出现的单位中选择频率单位。

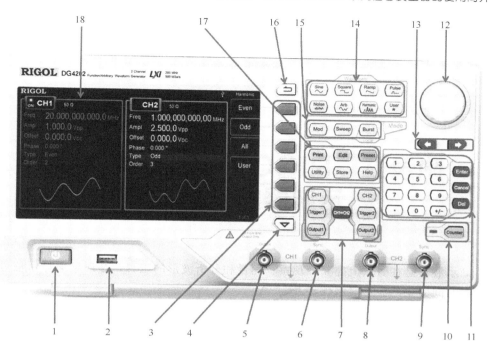

编号	说明	编号	说明
1	电源键	10	频率计
2	USB Host接口	11	数字键盘
3	菜单软键	12	多功能旋钮
4	菜单翻页键	13	方向键
5	CH1输出端	14	波形选择区
6	CH1同步输出端	15	模式选择区
7	通道控制区	16	返回上一级菜单
8	CH2输出端	17	快捷键/辅助功能按键
9	CH2同步输出端	18	LCD

附图 4-1　DG4000 系列信号发生器面板及各功能键

（3）再按下幅度对应的按键选中幅度设置选项，通过数字键盘输入幅度数值（实验中一般指峰峰值），在屏幕右侧出现的单位中选择 Vpp 或 mVpp。

（4）如果还要设定模拟信号的直流偏置量，需按下偏移选项对应的按键，从而选中偏移设置选项，通过数字键盘输入直流偏移数值，在屏幕右侧出现的单位中选择直流偏移单位 VDC。

注意：无论从哪个输出端输出模拟信号波形，通道控制区相对应的 Output 键都应按下（灯亮），否则，输出端没有输出信号。

附录五　RIGOL DS2000A系列示波器的使用简介

　　示波器是在时域上捕获、观察、测量和分析波形的工具，是形象地显示信号幅度随时间变化的波形显示仪器。

　　RIGOL DS2000A 系列示波器，具有两路模拟信号输入通道，采样率 2GS/s，最小垂直灵敏度 500μV/格，是一款多功能数字示波器。其面板及各功能键如附图 5-1 所示。

　　下面我们仅就电子实验课常用到的功能进行简单介绍。

　　使用示波器显示、测量波形，首先打开左下角电源开关。从两个通道信号输入端 CH1 或 CH2 通过探头输入待显示、测量信号。若使输入的波形完整、清晰、稳定地显示，有三个部分调整非常重要，即垂直控制区、水平控制区和触发控制区。

一、垂直控制区

　　垂直控制区的两个按键 CH1 和 CH2 是两路通道的开通/关闭切换按键。按下任一按键，打开相应通道菜单，再次按下，关闭通道。

　　这里重点说明信号的输入耦合方式：CH1 或 CH2 按下后，进入相应通道菜单，按下菜单中"耦合"对应的软键，进入"耦合"子菜单，有"直流、交流、接地"三个选项。如果要把信号的全部成分（包括直流成分和交流成分）显示出来，选"直流（DC）耦合"；如果只想把信号的交流成分显示出来，而把直流成分隔离掉，选"交流（AC）耦合"；如果选择"接地"，则示波器只显示一条 0V 扫描线。信号输入耦合方式调整如附图 5-2 所示。

　　垂直 position 旋钮：用来修改当前通道波形的垂直位移，使波形上下移动。按下该旋钮，可快速将该通道垂直位移归 0，即该通道的 0V 归位到屏幕中心位置。

　　垂直 scale 旋钮：用来修改当前通道的垂直挡位，屏幕左下方会显示调整的垂直挡位信息。垂直挡位，俗称的伏特/格，即屏幕上垂直方向每个格代表多少电压值。调整伏特/格，就是调整信号波形在屏幕上显示的"高度"。

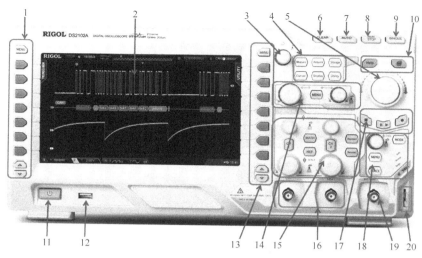

附图 5-1　示波器面板及各功能键

编号	说明	编号	说明
1	测量菜单操作键	11	电源键
2	LCD	12	USB Host接口
3	多功能旋钮	13	功能菜单软键
4	功能菜单操作键	14	水平控制区
5	导航旋钮	15	垂直控制区
6	全部清除键	16	模拟通道输入
7	波形自动显示	17	波形录制/回放控制键
8	运行/停止控制键	18	触发控制区
9	单次触发控制键	19	外触发输入端
10	内置帮助/打印键	20	探头补偿信号输出端/接地端

二、水平控制区

水平 position 旋钮：用来修改当前通道波形的水平位移，使波形左右移动。按下该旋钮，可快速复位触发点到屏幕中心位置。

水平 scale 旋钮：用来修改水平时基，屏幕上方会显示调整的水平时基信息。水平时基，俗称时间/格，即屏幕上水平方向每个格代表多少时间。调整时间/格，就是调整波形在屏幕上显示的水平方向的"疏密度"。

Menu 按键：水平控制菜单。按下该按键，可进行开关延迟扫描功能、切换时基模式等设置。这里重点介绍时基模式 Y-T、X-Y 两个模式的切换。

我们平时正常显示波形，用的是 Y-T 时基模式。若要切换到 X-Y 模式，需按下水平控制区 Menu 按键，再按下屏幕右侧菜单中时基对应的软键。通过旋转多功

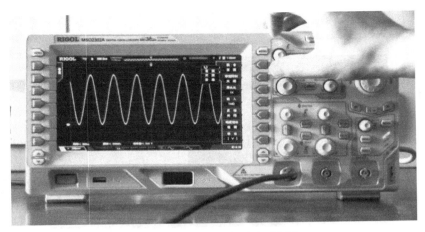

附图 5-2　信号输入耦合方式调整

能旋钮，选择 X-Y 模式，并按下多功能旋钮选中，此时屏幕上出现 CH1、CH2 通道的李萨如波形。时基模式的调整如附图 5-3 所示。

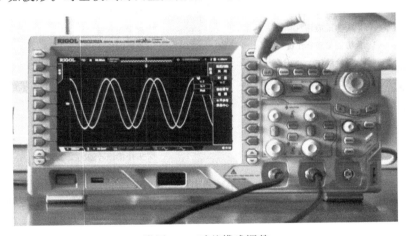

附图 5-3　时基模式调整

三、触发控制区

Mode 按键：可切换 auto、normal、single 三种触发方式，选择不同的触发方式，其相应的灯会亮。

触发区 level 旋钮：调节触发电平，只有调节触发电平为合适的值，波形才被同步触发，波形才能稳定显示。

触发区 menu 按键：用来打开触发菜单操作。

如附图 5-4 所示，触发菜单中有"信源选择"，即选择触发源。如果信号从

CH1 输入，信源选择 CH1，1 通道信号被同步触发，1 通道波形稳定；如果信号从 CH2 输入，信源选择 CH2，2 通道信号被同步触发，2 通道波形稳定；如果两个信号分别从 CH1、CH2 输入，并且两个信号是相干波形（周期是整数倍关系），选择周期长即频率小的信号做触发源，两个信号都能稳定。如果两个信号是不相干的，选择哪个信号做触发源，哪个信号稳定，做不到同时稳定。

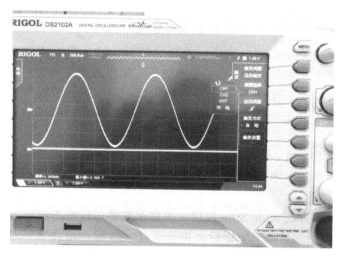

附图 5-4　触发菜单中的信源选择

触发菜单中还有"触发设置"，按下"触发设置"对应的软键，再按下子菜单出现的"耦合"软键，进入"耦合"子菜单：有直流、交流、低频抑制、高频抑制等供选择，如果输入信号是中低频信号，我们要抑制高频干扰信号，选择高频抑制；如果输入信号是高频信号，我们要选择低频抑制。如附图 5-5 所示。

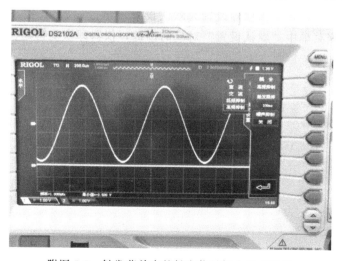

附图 5-5　触发菜单中的触发信号耦合方式选择

四、示波器的其他按键功能说明

（1）波形测量快捷键：该示波器针对测量功能，在屏幕的左侧设置了快捷按键。按下屏幕左侧的 menu 按键，可进行波形测量。在弹出的菜单中，按下相应菜单键，可在屏幕下侧添加该项测量值。还可通过按 menu 键实现垂直量测量和水平量测量的切换。

（2）功能按键区的 Cursor 按键：光标（游标）键，按下该键，进入光标（游标）测量菜单设置。两个横的游标用来测电压，如果两个横的游标正好卡在波形的波峰、波谷之间，测出的 ΔY 就是波形的峰峰值；两个竖的游标用来测时间，如果两个竖的游标正好卡在一个周期性波形完整周期的两端，测出的 ΔX 就是波形的周期。

（3）示波器上方的 auto 按键：按下此按键，示波器会根据输入波形自动调整垂直挡位（伏特/格）、水平时基（时间/格）以及触发方式，使波形显示达最佳状态。

（4）示波器上方的 Run/Stop 按键：可将示波器运行状态设置为运行或停止。

（5）Help 帮助键：按下该键后，再按下任一按键，则会显示对应按键的说明信息。

（6）多功能旋钮：菜单操作时，按下某个菜单选项，转动该旋钮可以选择该菜单的子菜单，然后按下该旋钮，确定选中当前高亮的子菜单项。

（7）探头补偿信号输出端：上侧为信号输出端，下侧为接地端，输出信号为频率 1kHz，峰峰值 3V 的方波。示波器探头接探头补偿信号输出端，应该显示出该方波信号。我们可以用此方法测试探头好坏。

（8）最后，如果希望将仪器设置为默认设置（出厂设置），按下 storage 按键，再按下屏幕右侧菜单中"默认设置"对应的按键，仪器即恢复为默认设置。

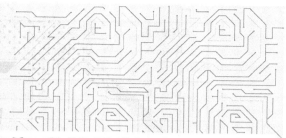

附录六　常用集成芯片管脚图与功能表简介

一、组合电路集成芯片

（1）74××20（二4输入与非门），见附图6-1。

（2）74××00（四2输入与非门），见附图6-2。

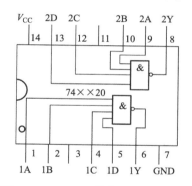

附图6-1　74××20的管脚及内部示意图

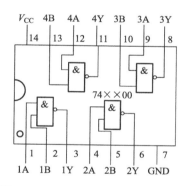

附图6-2　74××00的管脚及内部示意图

（3）74××153（双4选1数据选择器），见附图6-3。

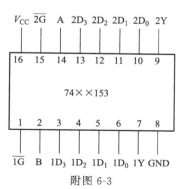

附图6-3

选择输入端		数据输入				选通输入	输出
B	A	D_0	D_1	D_2	D_3	$\overline{G}$	Y
×	×	×	×	×	×	1	Z(高阻态)
0	0	0	×	×	×	0	0
0	0	1	×	×	×	0	1
0	1	×	0	×	×	0	0
0	1	×	1	×	×	0	1
1	0	×	×	0	×	0	0
1	0	×	×	1	×	0	1
1	1	×	×	×	0	0	0
1	1	×	×	×	1	0	1

附图 6-3　74××153 的管脚图和功能表

（4）CD4532（8-3 线优先编码器），见附图 6-4。

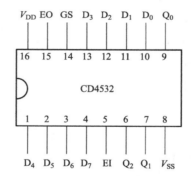

附图 6-4　CD4532 的管脚图和功能表

输　入									输　出				
EI	D_7	D_6	D_5	D_4	D_3	D_2	D_1	D_0	Q_2	Q_1	Q_0	GS	EO
0	×	×	×	×	×	×	×	×	0	0	0	0	0
1	0	0	0	0	0	0	0	0	0	0	0	0	1
1	1	×	×	×	×	×	×	×	1	1	1	1	0
1	0	1	×	×	×	×	×	×	1	1	0	1	0
1	0	0	1	×	×	×	×	×	1	0	1	1	0
1	0	0	0	1	×	×	×	×	1	0	0	1	0
1	0	0	0	0	1	×	×	×	0	1	1	1	0
1	0	0	0	0	0	1	×	×	0	1	0	1	0
1	0	0	0	0	0	0	1	×	0	0	1	1	0
1	0	0	0	0	0	0	0	1	0	0	0	1	0

（5）CD4511（七段显示译码器）和共阴极七段数码管，见附图 6-5。

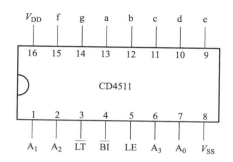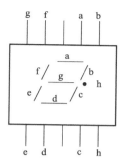

十进制或功能	输入							输出							字形
	LE	$\overline{BI}$	$\overline{LT}$	A_3	A_2	A_1	A_0	a	b	c	d	d	f	g	
0	0	1	1	0	0	0	0	1	1	1	1	1	1	0	0
1	0	1	1	0	0	0	1	0	1	1	0	0	0	0	1
2	0	1	1	0	0	1	0	1	1	0	1	1	0	1	2
3	0	1	1	0	0	1	1	1	1	1	1	0	0	1	3
4	0	1	1	0	1	0	0	0	1	1	0	0	1	1	4
5	0	1	1	0	1	0	1	1	0	1	1	0	1	1	5
6	0	1	1	0	1	1	0	0	0	1	1	1	1	1	6
7	0	1	1	0	1	1	1	1	1	1	0	0	0	0	7
8	0	1	1	1	0	0	0	1	1	1	1	1	1	1	8
9	0	1	1	1	0	0	1	1	1	1	0	0	1	1	9
10	0	1	1	1	0	1	0	0	0	0	0	0	0	0	熄灭
11	0	1	1	1	0	1	1	0	0	0	0	0	0	0	熄灭
12	0	1	1	1	1	0	0	0	0	0	0	0	0	0	熄灭
13	0	1	1	1	1	0	1	0	0	0	0	0	0	0	熄灭
14	0	1	1	1	1	1	0	0	0	0	0	0	0	0	熄灭
15	0	1	1	1	1	1	1	0	0	0	0	0	0	0	熄灭
灯测试	×	1	0	×	×	×	×	1	1	1	1	1	1	1	8
灭灯	×	0	1	×	×	×	×	0	0	0	0	0	0	0	熄灭
锁存	1	1	1	×	×	×	×				*				*

附图 6-5　CD4511 的管脚图和功能表、共阴极七段数码管的管脚图

（6）74××138（3-8 线唯一地址译码器），见附图 6-6。

（7）74××283（四位二进制加法器），见附图 6-7。

功能表

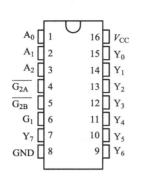

输入						输出							
使能			选择										
G_1	$\overline{G_{2A}}$	$\overline{G_{2B}}$	A_2	A_1	A_0	Y_0	Y_1	Y_2	Y_3	Y_4	Y_5	Y_6	Y_7
×	H	×	×	×	×	H	H	H	H	H	H	H	H
×	×	H	×	×	×	H	H	H	H	H	H	H	H
L	×	×	×	×	×	H	H	H	H	H	H	H	H
H	L	L	L	L	L	L	H	H	H	H	H	H	H
H	L	L	L	L	H	H	L	H	H	H	H	H	H
H	L	L	L	H	L	H	H	L	H	H	H	H	H
H	L	L	L	H	H	H	H	H	L	H	H	H	H
H	L	L	H	L	L	H	H	H	H	L	H	H	H
H	L	L	H	L	H	H	H	H	H	H	L	H	H
H	L	L	H	H	L	H	H	H	H	H	H	L	H
H	L	L	H	H	H	H	H	H	H	H	H	H	L

附图 6-6　74××138 的管脚图和功能表

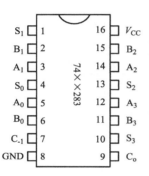

C_{n-1}	A_n	B_n	S_n	C_n
L	L	L	L	L
L	L	H	H	L
L	H	L	H	L
L	H	H	L	H
H	L	L	H	L
H	L	H	L	H
H	H	L	L	H
H	H	H	H	H

附图 6-7　74××283 管脚图和功能表

二、时序电路集成芯片

（1）74××175（4D 触发器），见附图 6-8。

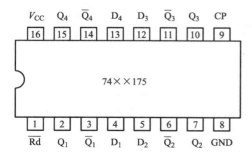

输入						输出			
$\overline{Rd}$	CP	D_1	D_2	D_3	D_4	Q_1	Q_2	Q_3	Q_4
L	×	×	×	×	×	L	L	L	L
H	↑	D_1	D_2	D_3	D_4	D_1	D_2	D_3	D_4
H	H	×	×	×	×	保持			
H	L	×	×	×	×	保持			

附图 6-8　74××175 管脚图和功能表

（2）74××194（多功能双向移位寄存器），见附图 6-9。

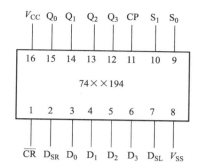

输入										输出				
清零	控制信号		串行输入		时钟 CP	并行输入								行
$\overline{CR}$	S_1	S_0	右移 D_{SR}	左移 D_{SL}		D_0	D_1	D_2	D_3	Q_0^{n+1}	Q_1^{n+1}	Q_2^{n+1}	Q_3^{n+1}	
L	×	×	×	×	×	×	×	×	×	L	L	L	L	1
H	L	L	×	×	×	×	×	×	×	Q_0^n	Q_1^n	Q_2^n	Q_3^n	2
H	L	H	L	×	↑	×	×	×	×	L	Q_0^n	Q_1^n	Q_2^n	3
H	L	H	H	×	↑	×	×	×	×	H	Q_0^n	Q_1^n	Q_2^n	4
H	H	L	×	L	↑	×	×	×	×	Q_1^n	Q_2^n	Q_3^n	L	5
H	H	L	×	H	↑	×	×	×	×	Q_1^n	Q_2^n	Q_3^n	H	6
H	H	H	×	×	↑	D_0^*	D_1^*	D_2^*	D_3^*	D_0	D_1	D_2	D_3	7

附图 6-9　74××194 的管脚图和功能表

（3）74××93（二-八-十六进制计数器），见附图 6-10。

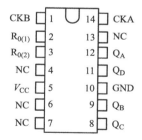

功能表1

清零端		输出			
$R_{0(1)}$	$R_{0(2)}$	Q_D	Q_C	Q_B	Q_A
H	H	L	L	L	L
L	×	COUNT			
×	L	COUNT			

注意：输出端Q_A和输入端CKB相连，可构成BCD计数。

功能表2

计数	输出			
	Q_D	Q_C	Q_B	Q_A
0	L	L	L	L
1	L	L	L	H
2	L	L	H	L
3	L	L	H	H
4	L	H	L	L
5	L	H	L	H
6	L	H	H	L
7	L	H	H	H
8	H	L	L	L
9	H	L	L	H
10	H	L	H	L
11	H	L	H	H
12	H	H	L	L
13	H	H	L	H
14	H	H	H	L
15	H	H	H	H

附图 6-10　74××93 的管脚图和功能表

（4）74××90（二-五-十进制计数器），见附图 6-11。

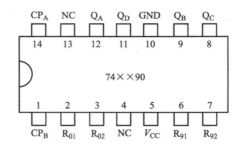

复位输入				输出			
R_{01}	R_{02}	R_{91}	R_{92}	Q_D	Q_C	Q_B	Q_A
H	H	L	×	L	L	L	L
H	H	×	L	L	L	L	L
×	×	H	H	H	L	L	H
×	L	×	L	COUNT			
L	×	L	×	COUNT			
L	×	×	L	COUNT			
×	L	L	×	COUNT			

8421BCD计数顺序①

Count	输出			
	Q_D	Q_C	Q_B	Q_A
0	L	L	L	L
1	L	L	L	H
2	L	L	H	L
3	L	L	H	H
4	L	H	L	L
5	L	H	L	H
6	L	H	H	L
7	L	H	H	H
8	H	L	L	L
9	H	L	L	H

5421BCD计数顺序②

Count	输出			
	Q_A	Q_D	Q_C	Q_B
0	L	L	L	L
1	L	L	L	H
2	L	L	H	L
3	L	L	H	H
4	L	H	L	L
5	H	L	L	L
6	H	L	L	H
7	H	L	H	L
8	H	L	H	H
9	H	H	L	L

附图 6-11　74××90 的管脚图和功能表

① 对于二-五-十进制计数，即 8421BCD 码计数，输出 Q_A 与输入 CP_B 相连计数；

② 对于五-二-十进制计数，即 5421BCD 码计数，输出 Q_D 与输入 CP_A 相连计数。

（5）74××161（四位二进制计数器），见附图 6-12。

（6）74××112（双下降沿 JK 触发器），见附图 6-13。

（7）555（定时器），见附图 6-14。

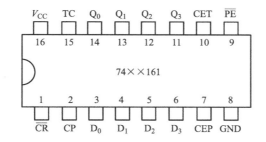

附图 6-12　74××161 管脚图和功能表

输入									输出				
清零	预置	使能		时钟	预置数据输入								进位
$\overline{CR}$	$\overline{PE}$	CEP	CET	CP	D_3	D_2	D_1	D_0	Q_3	Q_2	Q_1	Q_0	TC
L	×	×	×	×	×	×	×	×	L	L	L	L	L
H	L	×	×	↑	D_3^*	D_2^*	D_1^*	D_0^*	D_3	D_2	D_1	D_0	#
H	H	L	×	×	×	×	×	×	保持				#
H	H	×	L	×	×	×	×	×	保持				L
H	H	H	H	↑	×	×	×	×	计数				#

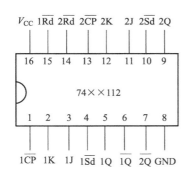

输入					输出	逻辑功能
$\overline{Rd}$	$\overline{Sd}$	CP	J	K	Q^{n+1}	
0	1	×	×	×	0	设置初态
1	0	×	×	×	1	设置初态
1	1	↓	0	0	Q^n	保持
1	1	↓	0	1	0	置0
1	1	↓	1	0	1	置1
1	1	↓	1	0	$\overline{Q^n}$	翻转

附图 6-13　74××112 管脚图和功能表

1—接地端;
2—触发输入端;
3—输出端;
4—复位端;
5—电压控制端;
6—阈值输入端;
7—放电端;
8—电源端+V_{CC}

输入			输出	
阈值输入 (V_{i1})	触发输入 (V_{i2})	复位 $(\overline{Rd})$	输出 (V_o)	放电管 T
×	×	0	0	导通
$<\frac{2}{3}V_{CC}$	$<\frac{1}{3}V_{CC}$	1	1	截止
$>\frac{2}{3}V_{CC}$	$>\frac{1}{3}V_{CC}$	1	0	导通
$<\frac{2}{3}V_{CC}$	$>\frac{1}{3}V_{CC}$	1	不变	不变

附图 6-14　555 管脚图和功能表

145

参考文献

［1］康华光，秦臻，张林.电子技术基础数字部分［M］.第六版.北京：高等教育出版社，2014.

［2］闫石.数字电子技术基础［M］.第六版.北京：高等教育出版社，2016.

［3］张新莲，吴亚琼，曹晰.电路电子实验（Ⅱ）［M］.北京：化学工业出版社，2014.

［4］贾金红.电气专业开学第一课的经验交流［J］.南昌：南方农机，2018，49（24）：212.

［5］刘太生.浅议人体电阻、安全电流及安全电压［J］.太原：新课程学习（中），2011，（07）：105.

［6］王琳.安全用电常识［J］.长春：吉林劳动保护，2016，（07）：42.